PODCAST S/A

NA
CIO
NAL

PODCAST S/A

Diretor-presidente:
Jorge Yunes
Gerente editorial:
Luiza Del Monaco
Editor:
Ricardo Lelis
Assistente editorial:
Júlia Tourinho
Suporte editorial:
Juliana Bojczuk
Revisão:
Rafael Rodrigues
Augusto Iriarte
Coordenadora de arte:
Juliana Ida
Assistentes de arte:
Daniel Mascellani, Vitor Castrillo
Imagem de capa:
Shutterstock
Gerente de marketing:
Carolina Della Nina
Analistas de marketing:
Flávio Lima, Heila Lima
Produção editorial:
Mel Ribeiro
Diagramação:
Marcos Gubiotti
Projeto de capa:
Valquíria Palma

1ª edição – São Paulo

NACIONAL

DADOS INTERNACIONAIS DE CATALOGAÇÃO NA PUBLICAÇÃO (CIP) DE ACORDO COM ISBD

T568p Tigre, Rodrigo
Podcast S/A: Uma revolução em alto e bom som / Rodrigo Tigre. - São Paulo, SP : Editora Nacional, 2021.
216 p. ; 14cm x 21cm.

ISBN: 978-65-5881-064-3

1. Podcast. I. Título.

2021-3674 CDD 302.2
CDU 316.77

Elaborado por Odilio Hilario Moreira Junior - CRB-8/9949
Índice para catálogo sistemático:
1. Comunicação 302.2
2. Comunicação 316.77

Rua Gomes de Carvalho, 1306 – 11º andar – Vila Olímpia
São Paulo – SP – 04547-005 – Brasil – Tel.: (11) 2799-7799
editoranacional.com.br – atendimento@grupoibep.com.br

Sumário

Este livro é dedicado ao meu pai, que sempre me apoiou e incentivou a seguir o meu próprio caminho, e ao meu filho, para quem procuro transmitir o mesmo apoio e incentivo.

Agradecimentos

Primeiro, queria agradecer à minha avó, à minha mãe e à minha irmã, que sempre foram muito presentes na minha vida e conseguiram, cada uma ao seu jeito, me apontar os caminhos para a cultura, fé, sabedoria e amor.

Agradeço à Giovanna Ricci, ao Renato Rogenski e ao Bruno Pinheiro por todo o talento e emoção colocados em cada etapa dessa jornada incrível que fizemos pela podosfera.

Agradeço a toda a equipe Cisneros Interactive do Brasil pelo apoio e pela assistência durante o processo de elaboração do livro.

Agradeço a todos os entrevistados, grandes nomes do mercado, por compartilharem suas histórias, impressões e expectativas sobre o áudio digital.

Agradeço ao German Herebia e ao Carlos Cordoba por terem aberto as portas de sua empresa para um brasileiro que não sabia uma palavra de espanhol e nada sobre futebol. E ao Victor Kong, que não só continuou acreditando no meu trabalho, como foi um importante apoiador do projeto do livro.

E, por fim, agradeço à Ciça Mattos, minha companheira de vida e minha "ghost-marketing", que há onze anos vem contribuindo também para a minha vida profissional. Este livro não teria saído sem sua colaboração, ajuda e dedicação.

Introdução

O áudio, a tecnologia e a publicidade constituem uma tríade que me acompanha de forma orgânica, em uma simbiose poderosa, desde que me conheço por gente. Na verdade, desde antes. Como assim? Calma, vou explicar. Para isso, volto rapidamente ao ano de 1934. Nele, o publicitário, poeta, compositor e bibliotecário Manoel Bastos Tigre, o mesmo que inventou o lendário slogan "Se é Bayer, é bom", criou também a letra do primeiro jingle brasileiro da história, o "Chopp em garrafa", feito para a Brahma, musicado por Ary Barroso e cantado por Orlando Silva. Para garantir a qualidade e se certificar de que a marchinha seria tocada de forma igual em todas as rádios da época, a música foi gravada em disco, tornando-se também o primeiro fonograma publicitário nacional. Olha aí o trio: áudio, publicidade e tecnologia. O que isso tem a ver comigo? Manoel Bastos Tigre é meu bisavô.

Que viagem, né? A verdade é que, muito antes de eu descobrir qualquer relação do tipo com os meus antepassados, já habitava em mim um apreço muito especial pela tecnologia. Quando completei meu décimo aniversário, em 1984, curiosamente o mesmo ano do futuro distópico da obra homônima de George Orwell, ganhei meu primeiro computador. Era um TK83, que rodava por fita cassete quando ainda nem existia o disquete. A gente o ligava na televisão e programava tudo, por isso, comecei a fazer cursos de MS-DOS e de BASIC. Aos catorze anos, fiz outro curso nos Estados Unidos que era dividido entre esportes e informática. Foi quando aprendi a programar jogos.

A paixão pelos games também deu o *start* na minha vida profissional. Eu queria muito os primeiros CD-ROMS com jogos, mas eles eram extremamente caros. Pensei em juntar vinte amigos para cada um comprar um jogo diferente e criarmos uma espécie de clube de trocas. Em uma feira de informática, descobri que existia algo parecido, mas, em vez de emprestar, a empresa alugava. Fiz as contas, percebi que seria um bom negócio, convidei meu primo para a sociedade, juntamos dinheiro e montei minha primeira empresa. Fizemos parceria com uma grande locadora da época e, um ano depois, já estávamos em cinco lojas da franquia, com trezentos CDS em cada uma delas.

Ganhamos escala, montamos uma distribuidora de CD-ROMS e, em 1996, criamos uma loja virtual para vender os jogos de computador, além de licenciarmos para o Brasil o site especializado *Games Mania*. O dólar dobrou e nos obrigou a fechar a distribuidora. A parte de internet ia bem, até que veio a bolha das "pontocom", justamente quando a Star Media estava interessada em comprar nossa empresa. Fomos até Nova York discutir os termos, mas o negócio não andou e, tempos depois, acabamos fechando.

Em 1999, fui trabalhar na Mlab, empresa de desenvolvimento de sites e outros projetos virtuais. Curiosamente, comecei no mesmo dia que o Danilo Medeiros, um dos entrevistados do livro, que se tornou o primeiro podcaster brasileiro. Outra sincronicidade daquelas! Saí de lá para virar sócio da empresa de cartões virtuais Netcard, em agosto de 2000, e fiquei até 2001, quando meu pai faleceu. Ele foi o primeiro horticultor hidropônico do Rio de Janeiro e tinha uma operação em Teresópolis. Larguei a internet por três anos para cuidar do negócio.

Em maio de 2004, voltei para o meio digital como sócio da produtora Ability. Fiquei até 2006, quando reatei com os meus antigos sócios do Netcard. Agora eles estavam com o site esotérico *Estrela Guia*, com ampla audiência do público feminino. Vimos que havia uma oportunidade para a criação de um site segmentado e criamos o *Feminice*. Em 2008, o Bolsa de Mulher comprou a empresa, eu fiquei à frente de novos negócios da companhia e, em 2010, criei a Pink Adnetwork, rede de blogs femininos, e toda a estratégia multiplaforma do Bolsa de Mulher, colocando o conteúdo produzido em múltiplas telas (TV, *mobile, out of home*).

Outra curiosidade? O Guga Mafra, do *Gugacast*, um dos maiores podcasts do país, naquela época era um de nossos representantes comerciais no Bolsa de Mulher, pela FTPI Digital. Em 2011, saí para trazer a Populis para o Brasil, que era uma *adnetwork* europeia exclusiva para blogs. Já em 2016, a empresa foi comprada pela RedMas (hoje Cisneros Interactive), da qual continuei sócio e que já tinha em seu portfólio a Audio.Ad. Novamente, os caminhos do áudio, da tecnologia e da publicidade voltaram a se unir na trajetória de um Tigre.

Feita essa apresentação da minha jornada, resta dizer o quanto sou entusiasta e agente ativo no trabalho de evolução do mercado brasileiro de podcasts, que precisa dessa trinca para promover um ecossistema cada vez mais próspero. Nos capítulos a seguir, você vai mergulhar em um universo que conta com pesquisa, dados históricos, análises, depoimento e a espinha dorsal desse trabalho: as opiniões e experiências compartilhadas por alguns dos nomes mais importantes na construção histórica do segmento no Brasil. Espero, acima de tudo, que as próximas páginas sejam muito úteis para você, seja como curiosidade, fonte de pesquisa e insights, imersão ou para seu enriquecimento de qualquer ordem.

PARTE 1: O CAMINHO ATÉ AQUI

O que veio antes: a história do rádio

A descoberta global

Antes de começar a conceituar e contextualizar os caminhos e descaminhos do podcast no Brasil e no mundo, é essencial entrar na máquina do tempo da história e entender a relação da humanidade com a propagação da voz por meio eletrônico. Portanto, é impossível não explicar o surgimento do rádio e como ele foi transformador como mídia em patamar global, cumprindo até hoje um papel importante - seja por sua capacidade de informar com velocidade ímpar ou conversar de forma intimista com pessoas de todos os tipos, nos mais distantes rincões do país.

Apesar de existir uma ampla discussão sobre como foi a invenção do rádio, o fato é que vários foram os fatores e autores de descobertas que contribuíram para consolidar a radiodifusão em todo o mundo. Tecnicamente falando, ela nasce da união de três tecnologias: a telegrafia, as ondas eletromagnéticas e o telefone sem fio.

Um dos primeiros nomes importantes para o entendimento básico dessa história é o do americano Samuel Finley Breese Morse. Com a proposta de criar um aparelho elétrico capaz de enviar mensagens a longa distância, em 1835, ele construiu o primeiro protótipo do telégrafo, que só foi oficialmente disponibilizado para demonstração pública em 1838. Para quem não está familiarizado com a terminologia, telégrafo é um dispositivo de comunicação que utiliza a eletricidade para enviar mensagens de texto por meio do Código Morse, metodologia em que pontos, traços e espaços representam letras, números e sinais de pontuação. Com esse sistema, a comunicação imediata de longa distância deu os seus primeiros passos.

Mais tarde, em 1856, o italiano Antonio Santi Giuseppe Meucci teria inventado o teletrofone, ou telégrafo falante, considerado um precursor do telefone. Por meio de cabos, Meucci fez a voz ser propagada para o outro lado da linha de forma inédita. Sem recursos técnicos e financeiros à época, no entanto, ele não conseguiu pagar pela patente da invenção e, em uma história cheia de versões e contradições sobre quem foi o pai da telefonia, ela foi oficialmente registrada, em 1876, pelo escocês Alexander Graham Bell.

Mas a primeira faísca da invenção do rádio, literalmente, aconteceu em 1888, quando Heinrich Rudolph Hertz posicionou duas esferas de cobre separadas e elas se conectaram, criando fagulhas que atravessaram o ar. A partir de então, com suas experiências, o físico alemão descobriu que era possível produzir ondas eletromagnéticas, que viajam na velocidade da luz. Não por acaso, em sua homenagem, a unidade de frequência no Sistema Internacional ganhou o nome de Hertz, com o símbolo Hz. Assim, os olhos do mundo passaram a brilhar por invenções que pudessem se utilizar dessa descoberta em grande escala, potencializando a comunicação a distância.

É com base no crescente interesse pelos estudos do cientista germânico que surge o nome mais emblemático na história da radiodifusão: Guglielmo Marconi. Maravilhado com as descobertas de Hertz, o cientista italiano passou a estudar uma forma de fazer com que as mensagens viajassem por longas distâncias sem a necessidade de fios. Com o objetivo inicial de substituir o telégrafo por uma tecnologia melhor e mais rápida, aos 21 anos, Marconi não apenas foi o primeiro a ter êxito nessa missão, como seus experimentos se tornaram o principal embrião da radiodifusão em todo o planeta. Progredindo em seus estudos, em 1895, ele conseguiu criar um dispositivo capaz de transmitir sinais a uma distância de cerca de dois quilômetros e meio. Para avançar ainda mais, Marconi foi com a família para Londres, onde encontraria instalações e condições ideais para a evolução de seus experimentos com a ajuda do embaixador da Itália em Londres, Annibale Ferrero.

O registro do feito

Depois de registrar sua patente de telegrafia sem fio, em junho de 1896, na Inglaterra, Marconi realizou uma demonstração bem-sucedida para seu projeto quando, em 1897, conseguiu enviar sinais em Código Morse a uma distância de seis quilômetros. No mesmo ano, em um novo experimento, ele conseguiu emitir mensagens de som através do mar, pelo Canal de Bristol, da Ilha Flat Holm até Lavernock Point, por uma extensão de aproximadamente dezesseis quilômetros. Foi nesse período que o cientista fundou a Wireless Telegraph and Signal Company, empresa de telecomunicações que se manteve em atividade até 2006, quando foi adquirida pela Ericsson.

Um dos maiores marcos do progresso de Marconi aconteceu dois anos depois, mais precisamente em 27 de março de 1899, quando conseguiu fazer transmissões de mensagens atravessando o Canal da Mancha, de Wimereux, na França, até o Farol de South Foreland, na Inglaterra. Outra passagem histórica do processo aconteceu em 1903, com a primeira mensagem encaminhada dos Estados Unidos, pelo então presidente Theodore Roosevelt, ao rei Eduardo VIII, na Inglaterra, com sons que atravessaram o Atlântico. Apesar de todo o avanço de seus experimentos, não foi Marconi o responsável pela primeira transmissão de rádio realizada nos moldes que conhecemos hoje, propagando a voz humana em amplitude modulada (AM).

As experiências sobre a matéria da telegrafia sem fio haviam se espalhado por todo o mundo nos primeiros anos do século XX, e, pelos idos de 1906, Reginald Aubrey Fessenden transmitiu, nos Estados Unidos, números de canto e solos de violino para a tripulação e passageiros de um navio no Atlântico. Mas foi apenas em 1920 que surgiu o serviço de transmissão regular, começando pelos Estados Unidos. Utilizando o jornalismo como base de sua programação, a KDKA, de Pittsburgh, foi registrada como a primeira emissora de rádio do mundo. Com a adesão imediata dos americanos, em 1924, apenas quatro anos depois da abertura da KDKA, o país já contava com 530 emissoras em atividade.

Em 1937, quando Guglielmo Marconi faleceu, aos 63 anos, após sucessivos ataques cardíacos, praticamente o mundo inteiro já estava desfrutando dos avanços proporcionados por sua descoberta. Antes de morrer, o cientista ainda pôde acompanhar a criação da radiodifusão com modulação em frequência e melhor qualidade de sinal – em outras palavras, a rádio FM, inventada em 1933 pelo americano Edwin Armstrong.

Ondas curtas no Brasil

Não é de hoje que o brasileiro é um *early adopter* de novas tecnologias. O país tem a tradição de adotar rapidamente os avanços digitais. E não foi diferente com as mídias eletrônicas. No Brasil, o rádio nasceu oficialmente em 7 de setembro de 1922, durante as comemorações do centenário da Independência.

Nesse dia, a primeira transmissão de voz a distância e sem fios foi realizada pelo presidente Epitácio Pessoa, no ato que foi considerado o marco zero da radiodifusão brasileira.

Acompanhando o evento com entusiasmo único, o médico Roquette-Pinto, que àquela altura pesquisava intensivamente a radioeletricidade para fins fisiológicos, convenceu a Academia Brasileira de Ciências a patrocinar a criação da Rádio Sociedade do Rio de Janeiro, que viria a ser a PRA-2, tida como a primeira emissora nacional por grande parte da literatura disponível sobre o assunto. O prefixo PR significa "pioneira rádio" e também foi utilizado por outras emissoras do país. Mas a história desse "pioneirismo" é cheia de contradições, como contou o saudoso José de Almeida Castro, fundador e ex-presidente da Associação Brasileira de Emissoras de Rádio e Televisão (Abert), em um texto sobre a história do rádio publicado no site da entidade: "No transcorrer dos meus oitenta anos de trabalho, muitas vezes me perguntaram sobre o início da radiodifusão e onde operou a primeira emissora. A resposta padrão passou a ser: 'nosso país não tem tradição de preservar a memória nacional. Por isso, as controvérsias vão sempre existir'".

Ocorrida muito antes da primeira transmissão brasileira, no entanto, há outra história bastante controversa sobre os primeiros contatos de uma figura nacional com a tecnologia do rádio. Uma corrente de historiadores atribui a descoberta do meio ao padre (e cientista) Roberto Landell de Moura. Contemporâneo de Graham Bell, Heinrich Rudolph Hertz e Marconi Guglielmo, o brasileiro realizou seus primeiros experimentos públicos na área na última década do século XIX, com um deles anunciado em 1899, nas páginas do jornal *O Estado de S. Paulo*. Não consta, no entanto, nenhuma notícia a respeito do resultado da demonstração. Também há registros no *Jornal do Commercio* de outro experimento realizado na presença de diversas autoridades, em junho de 1900, sendo que, na reportagem, o jornalista confirma o sucesso dos testes de transmissão de som realizados pelo inventor. A matéria foi resgatada do acervo do jornal pelo biógrafo do inventor brasileiro, Hamilton Almeida, e publicada na obra *Padre Landell de Moura - Um herói sem glória*: "No domingo passado, no Alto de Santana, na cidade de São Paulo, o padre Landell de Moura fez uma experiência particular com vários aparelhos de sua invenção, no intuito de demonstrar algumas leis por ele descobertas no estudo da propagação do som, da luz e da eletricidade através do espaço, as quais foram coroadas de brilhante êxito".

Por desinteresse e incompreensão das iniciativas pública e privada, o cientista brasileiro demorou para registrar suas invenções. Conseguiu apenas em 1904, três patentes nos Estados Unidos, para um "transmissor de ondas", um "telefone sem fio" e um "telégrafo sem fio". Mesmo com tudo isso, sem o apoio financeiro e estrutural brasileiro e longe de centros de produção de conhecimento como Estados Unidos e Europa, Landell não teve seus feitos reconhecidos pela ciência mundial como aconteceu com Guglielmo Marconi, que em 1909 foi agraciado com o Nobel de Física.

Com ou sem reconhecimento do pioneirismo, fato é que, a partir de 1922, o rádio foi se espalhando por todo o Brasil e caiu no gosto do público. Curiosamente, os primeiros aparelhos, chamados de rádio de galena, eram ouvidos de forma individual por meio de um fone de ouvido, como grande parte dos podcasts são ouvidos hoje. A diferença é que, atualmente, os fones podem funcionar sem fio, conectados via *bluetooth* aos smartphones. O nome "galena" vem do cristal de mesmo nome utilizado na construção do aparelho. Assim como acontece com um PC gamer nos dias de hoje, naquela época era possível comprar os equipamentos já montados ou adquirir peças separadas para montar em casa, o que durante certo tempo se configurou como uma espécie de hobby da época.

Anos mais tarde, os primeiros modelos de rádio com falante chegaram ao país, possibilitando a escuta coletiva e popularizando ainda mais o meio. Apesar do avanço das emissoras e do interesse crescente da população, o setor ainda funcionou de forma amadora, sem qualquer regulação, por praticamente uma década. Essa era sem lei prosperou até 1931, quando o governo de Getúlio Vargas assinou o decreto 20.047. O documento era totalmente baseado no modelo americano de radiodifusão e, entre seus pontos principais, estavam a concessão de canais para entes privados e a legalização da propaganda comercial.

Com um modelo de negócio estabelecido e se consolidando como meio de massa, o setor conseguiu atrair as marcas e, consequentemente, investimentos para fomentar seu crescimento e potencializar sua produção. Assim, as empresas começaram não apenas a anunciar seus produtos e serviços durante os programas, mas também a patrocinar alguns formatos, dando origem a atrações históricas como *Rádio Almanaque Kolynos*, *Acontecimento Aristolino*, *Repórter Esso* e *Cancioneiro Royal*.

A era de ouro

Fruto desse novo momento de efervescência editorial e comercial, a Rádio Nacional elevou o padrão de conteúdo da radiodifusão brasileira. Por conta de seus índices de popularidade e da eficiência financeira, durante as duas décadas seguintes, a emissora serviu como base para a organização de praticamente todas as concorrentes, a maior parte delas apoiada em pilares como música, dramaturgia, jornalismo e programas de variedade.

Foi nessa época, entre as décadas de 1930 e 1950, que as radionovelas e os programas musicais se popularizaram e lançaram diversos artistas, em uma era histórica. O casting dos primeiros anos da emissora já contava com nomes como Aracy de Almeida, Marília Batista e Orlando Silva, além de speakers, como eram chamados os apresentadores, como Celso Guimarães, Ismênia dos Santos e Oduvaldo Cozzi. Na própria Rádio Nacional estreou a primeira radionovela brasileira, *Em busca da felicidade*, com roteiro originalmente cubano, de Leandro Blanco, adaptado por Gilberto Martins. A atração foi patrocinada pelo creme dental Colgate e ficou no ar por dois anos e meio, com altos índices de audiência, consolidando esse formato no coração do ouvinte nacional.

No mesmo período, as emissoras também passaram a receber o público em seus estúdios, inclusive cobrando ingressos, dando início ao conceito de programas de auditório e engordando o cachê das estrelas e o cofre das próprias rádios. Esse cenário também fez surgir o fenômeno dos fãs-clubes dos artistas, que formavam verdadeiras torcidas organizadas para acompanhar seus ídolos. Entre os campeões da idolatria estavam Emilinha Borba, Ângela Maria, Dalva de Oliveira e Cauby Peixoto.

Ao mesmo tempo, a transmissão esportiva e o jornalismo fincaram suas raízes definitivamente na história do rádio. O marco desse momento foi a Copa do Mundo de 1938, na França, quando o país parou pela primeira vez para acompanhar os jogos com os aparelhos colados ao pé do ouvido. Essa torcida amante do rádio ouviu o Brasil cair na semifinal para a Itália, campeã do torneio. E, pelas ondas curtas, também acompanhou o florescer do talento do craque brasileiro Leônidas da Silva, artilheiro da Copa com sete gols, cujo apelido, "Diamante Negro", foi eternizado como nome de um dos principais chocolates do mercado brasileiro. O atleta também foi o inventor do lance que ficou conhecido como "bicicleta", movimento em que o jogador salta de costas para a meta, joga as pernas para cima e chuta a bola em sentido ao gol.

No mesmo ano, o radiojornalismo ganhava força retratando principalmente as movimentações que culminaram, em 1939, na Segunda Guerra Mundial. Seu formato inicial era basicamente a narração de notícias dos veículos impressos, mas o conteúdo foi se aprimorando ao longo do tempo, sobretudo com o aperfeiçoamento dos equipamentos para transmissão externa. O primeiro programa do gênero jornalístico de estrondoso sucesso no rádio brasileiro foi o *Repórter Esso*, com formato de apresentação moderno, dinâmico e altamente informativo, que serviu de modelo para os jornais radiofônicos que vieram na sequência. Sua primeira edição foi ao ar no dia 28 de agosto de 1941, no Rio de Janeiro, pela Rádio Nacional. Na ocasião, a voz do apresentador Romeu Fernandes noticiou o ataque aéreo do exército alemão à região da Normandia, na França. Marcado na memória de várias gerações, o programa ficou quase trinta anos no ar, ganhando inclusive uma versão televisiva a partir de 1950, pela TV Tupi. Em São Paulo, o programa era transmitido pela Rádio Record.

Apresentado por diversos profissionais até 1944, o *Repórter Esso* teve como primeiro locutor exclusivo Heron Domingues, a voz mais marcante na jornada do noticiário, que ficou dezoito anos à frente dele. O jornalista foi sucedido, em 1962, por Roberto Figueiredo, que ficou na bancada do noticiário até 1968, quando foi ao ar o último programa. Nesta edição icônica, Figueiredo se emocionou, embargando a voz, ao ler as vinte e sete notícias mais importantes na história do *Repórter Esso*.

Atualmente, além do sistema tradicional, há o rádio digital, tecnologia que realiza a compressão dos sinais de voz, por meio da digitalização do áudio e da modulação de sua sequência binária em padrões diferenciados, para permitir a transmissão simultânea de outros dados pelo espectro eletromagnético. Surgiu também o conceito de web rádio, com a transmissão de programas via streaming. Nos últimos tempos, a popularização dos podcasts e a efervescência do áudio digital, como veremos nos próximos capítulos, remodelaram a atuação do rádio e a reverberação de seu conteúdo, reafirmando sua relevância como meio. Não à toa, as maiores rádios do país utilizam a força do podcast para potencializar seu alcance, fortalecer sua atuação e encontrar novas formas de monetizar suas atividades.

O podcast no mundo

Origem e conceito

Assim como o rádio teve o seu embrião, os podcasts também tiveram um modelo precursor. E sabe o que é mais curioso? A internet como conhecemos ainda não existia e a web dava seus primeiros passos para deixar de ser uma tecnologia acadêmica e entrar definitivamente na era comercial. O ano era 1993 quando o economista americano Carl Malamud criou o conceito de rádio na internet. O pontapé inicial da nova experiência foi o programa *Internet Talk Radio*, descrito pelo criador e apresentador como o "primeiro *talk show* de rádio de computador, todas as semanas entrevistando um especialista em informática". Pela primeira vez, um programa do gênero não era distribuído via rádio, mas por meio de arquivos de computador.

Utilizando os mais modernos softwares para a época, Malamud conseguia captar o áudio de entrevistas e salvar nos extintos disquetes. Para reproduzir o áudio, era necessário instalar um programa no computador e os kits multimídias praticamente inexistiam para a maior parte dos PCs. Era preciso ter muita resiliência e paixão para produzir e ouvir esses programas. E, claro, bastante conhecimento, já que pouca gente sabia sequer que era possível tal façanha. Muitos descobriram quando, em 4 de março de 1993, o jornalista John Markoff descreveu, em uma reportagem no *The New York Times*, o novo meio de criar e distribuir conteúdo em áudio descoberto pelo economista americano. O título da matéria era "Turning the Desktop PC into a Talk Radio Medium" (em tradução livre, "Transformando o PC de mesa em uma espécie de rádio"). Nela, Markoff descreve os benefícios do consumo *on demand* de áudio digital e o potencial revolucionário do formato. Lidas nos dias de hoje, suas frases soam como premonições para o futuro transmídia:

> *Combinar o poder do computador com o rádio ou televisão convencionais pode criar uma nova e intrigante mídia que dará aos telespectadores ou ouvintes mais controle sobre o que recebem, ao mesmo tempo que lhes permite interagir com a mídia de uma maneira que agora não é possível. É concebível que qualquer internauta possa criar seu próprio programa de áudio ou vídeo e disponibilizá-lo na rede, da mesma forma que o criador do Internet Talk Radio.*

Na mesma reportagem, o próprio Malamud explica suas intenções: "Eu chamo isso de rádio de acesso aleatório. Nossos ouvintes podem iniciar, parar, retroceder ou controlar de outra forma a operação da estação de rádio", declarou ao jornal.

Curiosamente, pouco tempo depois, um programa de rádio pouco convencional nascia em moldes parecidos com o de um podcast. Em 1995, entrava no ar o primeiro episódio do *This American Life*, criado pelo comunicador Ira Glass. Mais do que uma narrativa jornalística diferente do padrão, com efeitos sonoros e um *storytelling* que prendia o ouvinte do início ao fim, o programa não era ao vivo, como na maioria dos casos, além de ser distribuído semanalmente para as rádios públicas americanas. Não à toa - embora viesse a ser disponibilizado nos agregadores apenas bem mais tarde, quando o formato já estava aquecido -, seu modelo de linguagem serviu como referência para a criação de podcasts que explodiram nos Estados Unidos nos últimos anos, como *Serial* e *S-Town*.

Virada do áudio digital

Apesar do rastilho de pólvora que prenunciava o quão explosivo poderia ser esse mercado de consumo de conteúdo digital em áudio, nesse período, as limitações tecnológicas ainda dificultavam o progresso de quem pretendia produzir ou simplesmente ouvir seus programas na internet. Isso não significa, no entanto, que o áudio digital deixou de avançar e iniciar uma verdadeira revolução tecnológica. O surgimento do MP3, do streaming e de plataformas de organização e compartilhamento de músicas, como o Winamp e o Napster, por exemplo, já sacudia a indústria fonográfica, causando impactos irreversíveis na maneira como a sociedade ouve músicas a partir da segunda metade da década de 1990.

Em 2000, um outro passo tecnológico aproximou a produção e distribuição de áudio do conceito que mais tarde daria vida ao formato dos podcasts. Foi quando a fabricante de tocadores de MP3 i2Go criou um programa que permitia a seleção, o download automático e o armazenamento de conteúdo em áudio por meio dos PCs. Como um atrativo para a comercialização e o uso de seus MP3 players, a empresa também desenvolveu o MyAudio2Go.com, que, além de disponibilizar música, permitia aos usuários baixar conteúdos em áudio, como notícias, entretenimento e esportes, para ouvir em seus computadores. Estava desenhado um horizonte cada vez mais nítido para o futuro do áudio digital.

Ainda assim, por mais alguns anos, as iniciativas de produção foram pontuais e raríssimas, e o termo "podcast" ainda nem existia na cabeça e nas conversas dos amantes e profissionais do áudio. Tudo mudou com a descoberta e o uso cada vez mais recorrente da tecnologia de Feed RSS, ou Really Simple Syndication, que, para quem não sabe, é, resumidamente, um recurso de distribuição de conteúdo, textos, fotos, vídeos e áudios em tempo real baseado em linguagem computacional XML. Em outras palavras, permite que os leitores de um canal de notícias, blogs ou qualquer outra plataforma digital acompanhem suas atualizações em tempo real por meio de ferramentas como um software, um website ou um browser agregador. O sistema surgiu a partir da ideia do empreendedor franco-americano Tristan Louis e foi desenvolvido pelo programador Dave Winer e o empresário e apresentador de rádio e televisão Adam Curry.

Em um evento na Universidade de Harvard, ao final de 2003, Winer explicou as mais novas tendências em termos de blogs e ressaltou o potencial de crescimento do formato de áudio nesse universo, prática que até então ganhava o nome de *audioblogging*. Na mesma oportunidade, Curry fez e publicou em seu blog um tutorial sobre como gravar um arquivo no formato MP3, via RSS, em um iPod, equipamento da Apple que crescia vertiginosamente dois anos após seu lançamento oficial, principalmente nos Estados Unidos.

O termo *podcasting*, no entanto, só foi utilizado pela primeira vez no ano seguinte. A palavra apareceu em um artigo escrito pelo consultor britânico Ben Hammersley e publicado no jornal *The Guardian* em fevereiro de 2004. Nele, Hammersley relata uma "revolução do áudio" e sugere que a "rádio on-line" estava crescendo graças aos iPods, softwares de áudio baratos e *weblogs*. No mesmo texto, ele arrisca palpitar alguns nomes para o novo formato. Entre eles, "audioblogging", "podcasting" e até "guerrilla media". Mas o tempo e o próprio mercado se encarregaram de fazer a escolha: podcast, termo que vem da junção de "iPod" e "broadcast", palavra que, traduzida para o português, significa "transmissão".

Criação de um mercado

Onde estão as evidências de descoberta, geralmente também estão os desbravadores. No artigo publicado pelo *The Guardian*, Hammersley também lista os primeiros podcasters que se aventuravam na nova maneira de produzir e distribuir conteúdo em áudio. Entre eles, Rob e Dana Greenlee, com o *The Web Talk Guys*; Craig Crossman, com o *Computer America*; e Dave Graveline, com *Into Tomorrow*. Em paralelo, nasce a Libsyn (Liberated Syndication), primeira empresa de prestação de serviços de podcast no mundo. Fundada por Dave Mansueto e Dave Chekan, a companhia inicialmente oferecia armazenamento e ferramentas de criação de RSS para podcasters. Hoje, a Libsyn conta com inúmeros serviços automatizados, que vão da hospedagem até a monetização, para milhares de podcasts pelo planeta. Apesar de então ser um modelo recém-criado e com audiência ainda incipiente, nascia ali uma noção de organização de mercado para os anos futuros.

Observando o Google Trends, como uma forma de tentar entender como a sociedade reagiu aos primeiros avanços do novo formato à época, percebe-se que a curva do interesse público permaneceu baixíssima até junho de 2005, quando as buscas pelo termo "podcast" na web explodiram pela primeira vez no Brasil e no mundo. O motivo? Naquele mês, a Apple apresentou o lançamento do iTunes 4.9, o primeiro com suporte nativo para podcasts. Além disso, a companhia ainda incluiu funcionalidades ligadas ao podcast em aplicativos como GarageBand, que até então era utilizado somente para criar músicas, e QuickTime, software de suporte multimídia.

No mesmo ano, nasce o People's Choice Podcast Awards, mais conhecido como Podcast Awards. A premiação global foi criada por Todd Cochrane, CEO da Blubrry Podcasting, e consagra anualmente os melhores podcasts, por meio de votação popular, em diversas categorias. O primeiro troféu foi conquistado pelo apresentador Leo Laporte, com o seu *This Week in Tech*. Cochrane também lançou o primeiro livro sobre o assunto, *Podcasting: Do-It-Yourself Guide*. Nesse meio tempo, surge a primeira gigante de mídia interessada no formato, quando o Yahoo lança um mecanismo de busca de podcasts. Com ele, passou a ser possível encontrar e baixar episódios e se inscrever nos programas. Mas o serviço durou apenas até 2007. Ainda em 2005, o presidente americano George W. Bush se tornou o primeiro chefe de Estado a lançar um podcast semanal com seus discursos. Com tanta coisa acontecendo em tão pouco tempo, os editores do dicionário *New Oxford American Dictionary* selecionaram o termo "podcast" como palavra do ano. Não era para menos.

Outro marco nessa linha do tempo histórica mundial do podcast aconteceu em 2006, quando, em uma de suas concorridas palestras, o até então CEO da Apple, Steve Jobs, realizou uma demonstração sobre como produzir um podcast utilizando o GarageBand. Estava feito o registro público entre uma das mentes mais brilhantes da história da tecnologia e uma mídia altamente promissora.

A partir de 2007, o mercado de podcasts também começou a observar um fenômeno até então inédito: a migração de personalidades de outros segmentos para o formato, sobretudo profissionais da comédia, um potente pilar da cultura americana. Um deles é o ator, comediante, roteirista, diretor e produtor de televisão Ricky Gervais, com seu podcast homônimo de números de humor que, logo no primeiro mês, entrou para o *Guinness Book* com 261,6 mil downloads por episódio. Hoje o resultado pode parecer baixo, mas é um volume de audiência absolutamente expressivo para a época.

O efeito *Serial*

Em 2009, o comediante Marc Maron lançou o podcast WTF, em que recebia todo tipo de entrevistado na garagem de sua casa em Los Angeles, transformada em estúdio de gravação. Naquela altura do campeonato, de acordo com os primeiros estudos setoriais da Edison Research, 43% dos americanos "já tinham ouvido falar" sobre podcasts e 25% "já consumiam" mídia via streaming. O programa de Maron atingiria seu auge de popularidade em 2015, quando o comediante recebeu o então presidente americano Barack Obama para uma entrevista. Mas foi outro comediante, Adam Carolla, que bateu um novo recorde de audiência. De março de 2009 até o mesmo mês de 2011, o podcast *Adam Carolla Show* registrou impressionantes 59,6 milhões de usuários. Outro número estrondoso, que confirmava a curva ascendente desse tipo de mídia em todo o planeta, foi divulgado pela Apple em 2013: a empresa anunciou ter atingido um bilhão de pessoas ouvindo podcasts por meio de seu aplicativo nativo iTunes.

No ano seguinte, em 2014, um novo fenômeno: o podcast *Serial* reinventa o formato com uma série de não ficção, com jornalismo investigativo. Apresentado pela jornalista americana Sarah Koenig, uma das produtoras do *This American Life*, o programa explodiu logo na primeira temporada. Seu conteúdo relata as investigações do assassinato do estudante de dezoito anos Hae Min Lee na Woodlawn High School, crime que aconteceu em 1999 no Condado de Baltimore, nos Estados Unidos. Foi aí que o formato eclodiu de vez em território americano, inspirando diversos outros podcasts, incluindo o *S-Town*, uma espécie de desdobramento também criado pelos produtores do *This American Life*. Não por acaso, em 2015, o *Serial* foi o primeiro podcast da história a receber um Peabody Awards, honraria que homenageia as histórias mais poderosas da mídia americana. Em 2018, o programa entrou para o *Guinnes Book* como o mais ouvido da história, com mais de trezentos e quarenta milhões de downloads. Em 2020, o *The New York Times* comprou a Serial Productions, empresa responsável pelo podcast, por vinte e cinco milhões de dólares, de acordo com o próprio jornal.

Considerado um ano de ouro para o formato nos Estados Unidos, 2014 também registrou a criação da produtora de podcasts Gimlet Media, referência global no segmento. Fundada por Alex Blumberg, outro produtor do *This American Life*, a empresa foi comprada pelo Spotify em 2019. Na ocasião, a companhia de streaming também comprou o Anchor, plataforma criada para facilitar a publicação, distribuição e monetização de podcasts. Em 2017, mais uma tendência surge no cenário: a de conteúdos originais de podcast se reverberando para outras narrativas e meios. Foi assim que a Amazon Prime Video estreou *Lore*, uma série que dá vida ao podcast ficcional de terror de mesmo nome, criado pelo produtor e roteirista americano Aaron Mahnke.

A partir de 2018, a área de podcasts passou a receber investimentos cada vez mais significativos de grandes *players* globais, como o Google, que criou o agregador Google Podcasts, e o Spotify, que fincou definitivamente o pé no segmento com investimentos em produção proprietária, licenciamento, criação de anúncios globais de publicidade para destacar seu portfólio, além de realizar as aquisições já mencionadas. Em 2019, um estudo da empresa de pesquisa de mercado eMarketer mostrou que 76,4 milhões de pessoas já ouviam podcasts nos EUA e que anúncios publicitários para o formato cresceram 110% na comparação com 2018.

Ainda nessa batida de investimentos, em 2020, o Spotify fechou o maior contrato de licenciamento da história do segmento ao pagar cem milhões de dólares pela exclusividade do *The Joe Rogan Experience*, um dos mais longínquos e populares podcasts globais, apresentado desde 2009 pelo apresentador americano e comentarista do UFC Joe Rogan. Atraindo convidados do calibre de Elon Musk, Bernie Sanders, Quentin Tarantino, Dave Chappelle, Demi Lovato, Mike Tyson, Lance Armstrong e tantos outros, o programa consolidou outras duas tendências. A primeira é o formato de "mesacast", espécie de mesa-redonda do áudio digital, que será mais detalhado nos próximos capítulos. A outra é o "videocast", podcast cujas imagens dos participantes também são transmitidas ao vivo por vídeo, em plataformas como YouTube ou Twitch. Com essa proposta, Joe Rogan influenciou o modelo de inúmeros podcasts por todo o mundo, inclusive alguns dos mais ouvidos da atualidade no Brasil, como o *Flow*, apresentado por Bruno Aiub (Monark) e Igor Coelho (Igor 3K), e o *Podpah*, com Igor Cavalari (Igão) e Thiago Marques (Mítico).

No início de 2021, o mercado de podcasts ganhou mais um competidor global de peso. Em janeiro, a Amazon confirmou a compra da rede de podcasts Wondery, uma aposta da empresa para ganhar terreno no segmento, ainda que de forma tardia. A notícia já havia sido antecipada em dezembro do ano anterior pelo *Wall Street Journal*, que informou que as empresas estavam discutindo a transação que girava em torno de trezentos milhões de dólares, segundo o veículo. A rede da Wondery conta com aproximadamente vinte milhões de ouvintes únicos por mês, abrigando podcasts populares como *Dirty John*, *Dr. Death* e *Business Wars*. Os dois últimos foram adaptados e lançados, no final de 2018, em sete línguas diferentes, incluindo o português, sob os nomes *Dr. Morte* e *Guerras Comerciais*. Esses números provam que o setor, apesar de todo o potencial de evolução e crescimento pela frente, já começou a girar negócios de gente grande há algum tempo.

No mercado americano, o maior do mundo, por exemplo, o segmento de podcasts chegou a oitocentos e quarenta e dois milhões de dólares de receita com publicidade em 2020, crescimento de 19% na comparação com o ano anterior, de acordo com o relatório "Media Center", do Interactive Advertising Bureau (IAB). As projeções do mesmo estudo preveem que o setor ultrapasse a casa de um bilhão de dólares em 2021 e dobre esse patamar para mais de dois bilhões de dólares em 2023. A notícia boa? O mercado brasileiro é o segundo maior em termos de downloads de episódios no mundo, segundo o estudo "Podcast Stats Soundbite", desenvolvido pela Blubrry, de Todd Cochrane. Mais do que isso, o crescimento acentuado dos últimos anos tem atraído novos competidores e marcas, fortalecendo o volume e a qualidade das produções nacionais e abrindo um caminho propício para o desenvolvimento de todo o ecossistema, como veremos nos capítulos a seguir.

A história do podcast no Brasil

Os desbravadores

Se o áudio é uma paixão nacional desde o tempo das telenovelas e o brasileiro adota novas tecnologias com uma voracidade ímpar, não é de admirar que o primeiro podcast brasileiro nascesse poucos meses após o termo vir a público pela primeira vez no artigo de Ben Hammersley. Foi exatamente o que aconteceu. Em 21 de outubro de 2004, quando pouquíssimos brasileiros sabiam o que era um podcast, o carioca Danilo Medeiros fazia o upload do primeiro episódio do *Digital Minds*. Com a intuição de que estava lidando com um formato promissor para o futuro do consumo de conteúdo das próximas décadas, o profissional, que já trabalhava com arquitetura da informação, produção de mídia interativa e se aventurava no universo dos blogs, estabelecia ali o marco zero de um novo segmento que ainda demoraria alguns anos para de fato se consolidar no país.

Com esse primeiro programa, Danilo explicou que sua intenção ao gravar um podcast era testar a nova tecnologia e sua capacidade de engajar a audiência. Não por acaso, anos mais tarde, a data ficou estabelecida pelo mercado como o Dia do Podcast no Brasil. "Nessa época, eu estava nos Estados Unidos fazendo uma série de coisas em meio a essa bagunça do começo dos anos 2000, com o início dos blogs e das tecnologias de compartilhamento via RSS. Era tudo muito divertido e a internet estava apenas começando. O podcast começou como uma espécie de audioblogue para quem, assim como eu, gostava de áudio. Sou músico também, sempre gravei coisas e era apaixonado por rádio AM. No final das contas, esse foi um daqueles momentos coletivos em que o mundo inteiro pensou a mesma coisa. Eu sempre tive a certeza de que isso iria bombar algum dia", conta Danilo.

No mesmo ano, outros brasileiros se lançaram a produzir conteúdo para a nova mídia, ainda com o viés de um experimento social e tecnológico. Entre eles, Gui Leite, com um programa com o seu nome, Rodrigo Stulzer, com o *Perhappiness6*, e Ricardo Macari, com o *Código Livre*. No ano seguinte, 2005, após a criação de diversos outros podcasts, o próprio Macari organizou, em Curitiba, no Paraná, a primeira edição da Conferência Brasileira de Podcast (PodCon Brasil).

O primeiro evento do segmento no país foi patrocinado pela Kaiser, pela rádio 89FM e pelo podcaster Eddie Silva. Além disso, a reunião de novos comunicadores do áudio digital também firmou as bases para a criação da Associação Brasileira de Podcasters (abPod), tendo como primeiro presidente o DJ, *sound designer* e produtor musical Fernando Carreira de Mello, mais conhecido como Maestro Billy. Aliás, Billy e seu estúdio Mellancia produziram o primeiro podcast corporativo de que se tem notícia, a Rádio Heineken, também em 2005.

Após o boom inicial, aconteceu no segmento de podcasts um fenômeno recorrente em quase todo movimento social ou comercial que emerge como novidade: uma desaceleração natural após um período de total empolgação. Esse foi o cenário dos podcasts em 2005, no Brasil e no mundo, em um episódio que ficou conhecido entre os mais antigos da podosfera como "podfade". Alguns pioneiros conseguiram atravessar esse período, mas sucumbiram pouco depois aos desafios de um mercado ainda sem muito reconhecimento de audiência e praticamente nenhuma verba comercial. Entre eles, foram descontinuados os podcasts nacionais precursores *Digital Minds*, *Gui Leite*, *Perhappiness6* e *Código Livre*.

Novas vozes no jogo

Após o "podfade", no entanto, em 2006, houve uma espécie de ressurgimento e reaquecimento do formato. O ano foi especial sobretudo pela aparição de alguns dos mais notáveis e longínquos shows da podosfera. Entre eles, o *Nerdcast*, criado por Alexandre "Jovem Nerd" Ottoni e Deive "Azaghal" Pazos; o *Café Brasil*, de Luciano Pires; o *RapaduraCast*, capitaneado por Jurandir Filho (Juras); e o *Braincast*, criado por Carlos Merigo. Todos eles serviram como referência para a construção do mercado e seguem firmes, fortes e consolidados no cenário nacional.

Com os novos frutos de uma geração que veio para ficar, a organização do segmento começou a evoluir em sua articulação. Como resultado desse novo momento, em 2008, dois novos prêmios surgiram para fomentar o mercado, popularizar o formato e iniciar um histórico capaz de sustentar a cultura de cases e trabalhos de referência na área. Assim, Eddie Silva realizou a primeira edição do Prêmio Podcast, que na categoria Cinema concedeu o troféu para o *RapaduraCast* e na categoria Humor, para o *Nerdcast*. O evento, no entanto, teve apenas mais uma edição, no ano seguinte, e depois foi encerrado. Diferentemente dessa iniciativa, o espaço aberto pelo Prêmio iBest para a categoria Podcast se solidificou ao longo dos anos e até hoje consagra os melhores shows brasileiros, em votação aberta ao público. O primeiro vencedor da categoria foi o *Nerdcast*.

Ainda em 2008, o mercado passou a ser estudado de maneira mais organizada. Por iniciativa de Marcelo Oliveira (*Projeto Fritzlandia*), com o apoio de Ronaldo Ferreira (*Racum*), surgiu a PodPesquisa, com a proposta de analisar a comunidade de ouvintes do formato no país. O número de participantes da primeira edição foi tímido, com apenas quatrocentos e trinta e seis questionários válidos. Um ano depois, em 2009, a participação foi bem mais expressiva, com dois mil quatrocentos e oitenta e sete formulários validados. Entre as informações mais curiosas ou relevantes, o levantamento mostrou que, na época, a maior parte dos ouvintes de podcast (36,8%) ainda vinha do iTunes. Vale lembrar que plataformas como Spotify e Deezer sequer haviam chegado ao país. No período em questão, apenas 57,6% da audiência brasileira ouvia podcasts via agregador e a média de podcasts assinados por ouvinte era de apenas três. Outro dado interessante que já começava a aparecer está relacionado com a fidelidade e o engajamento da audiência, com média de sete horas semanais ouvindo podcasts.

Em 2012, como reflexo dos passos essenciais para a profissionalização do mercado, nasce a Rádiofobia. Criada pelo radialista e locutor Leo Lopes, que desde 2009 produz e apresenta um podcast de mesmo nome, a empresa é uma das primeiras, se não a primeira, totalmente especializada em consultoria, produção e edição de podcasts no Brasil. Além de entusiasta do formato, Leo capitaneou algumas iniciativas que ajudaram a fomentar o mercado e formar uma série de outros podcasters Brasil afora. Entre elas, o *Alô Ténica!*, um podcast sobre podcasts criado em 2013 para atender a inúmeros pedidos recebidos pelo profissional, de ouvintes e alunos de seus workshops, para esclarecer dúvidas sobre a produção de seus programas.

Em 2014, quando Spotify e Deezer acabavam de chegar ao país ainda sem considerar os podcasts como meio relevante de captação de audiência e novos negócios, nascia mais um podcast marcante na história da nova mídia: o *Mamilos*, apresentado pelas publicitárias Juliana Wallauer e Cris Bartis. Com a proposta de levantar "diálogos de peito aberto" e disposição para esmiuçar assuntos polêmicos, como diz o próprio slogan do show, o programa deu à voz feminina um protagonismo até então inexistente entre os podcasts mais populares do país. E foi a dupla feminina que estampou a capa da *Veja São Paulo* na edição de 19 de junho de 2019, cuja matéria principal destacou o crescimento da audiência e da variedade de temáticas e narrativas do mercado de podcasts com a manchete "Nas ondas do podcast".

"Eu e a Juliana acreditamos bastante na existência de algumas coisas que não são reproduzíveis e têm o espírito do tempo. Se estivéssemos começando hoje, não seria a mesma coisa. O *Mamilos* aconteceu porque fomos gravar o *Braincast* com o (Carlos) Merigo. Depois que saímos, as pessoas retornaram com mensagens ao B9: 'nossa, que minas legais, elas deviam ter o próprio podcast'. E daí tivemos o privilégio que pouca gente tem de ter um suporte, logo no início. Mas daí também vem a nossa qualidade, o nosso jeito de ver conteúdo, para consolidar isso em uma trajetória de sucesso", conta Cris Bartis.

Um novo momento

Em 2017, alguns dos mais tradicionais e respeitados veículos do país começaram a se arriscar em uma incursão no universo dos podcasts. O jornal *O Estado de S. Paulo* lançou o *Estadão Notícias* e, com iniciativas isoladas, principalmente por meio de marcas jornalísticas como CBN e *O Globo*, o Grupo Globo iniciou testes no formato. Um ano depois, em 2018, a *Folha de S.Paulo* conseguiu atrair *buzz* e audiência em sua estreia em podcasts com a série *Presidente da Semana*. Desenvolvido pelo jornalista Rodrigo Vizeu, o programa apresentou os perfis de todos os presidentes brasileiros, de Deodoro da Fonseca a Jair Bolsonaro. A ideia tem como base o podcast *Presidential*, produzido pelo jornal americano *The Washington Post*. Com mais de dois milhões de seguidores em sete meses de publicações, a produção também deu vida ao livro *Os presidentes: a história dos que mandaram e desmandaram no Brasil*. No ano seguinte, a *Folha* criou o podcast *Café da Manhã*, que vai ao ar de segunda a sexta, ampliando as pautas mais quentes e importantes do momento. Com apresentação de Magê Flores, Maurício Meireles e Bruno Boghossian, o programa se tornou um dos mais ouvidos da podosfera brasileira.

Em 2018, o Spotify lançou no Brasil sua primeira campanha focada exclusivamente em promover podcasts. Com presença massiva nos meios digitais e peças de *out of home*, a estratégia de comunicação, na ocasião, destacava programas de grande audiência na plataforma, entre eles, *Nerdcast* e *Mamilos*. Outra prova substancial de uma virada de chave da empresa para o mercado brasileiro de podcasts aconteceu um ano depois, quando o país foi escolhido para sediar o primeiro evento 100% focado em podcasts da companhia em todo mundo, o Spotify for Podcasters Summit. Realizado entre os dias 1 e 2 de novembro na Cinemateca Brasileira, em São Paulo, o encontro recebeu mais de mil pessoas interessadas nesse mercado que se espalharam em painéis, palestras e workshops.

Em termos de crescimento de popularidade, investimentos e profusão de podcasts com novos formatos e narrativas, o ano de 2019 representou um boom para o mercado, tendo como grande marco a entrada definitiva da maior empresa brasileira de comunicação no jogo. Se, em 2017, o Grupo Globo começou a tatear o segmento com iniciativas isoladas e em caráter de experimentação, em 2019 aconteceu a cartada decisiva que sedimentou a chegada do conglomerado de mídia no meio. Em agosto desse ano, a empresa anunciou um pacote com inúmeros podcasts proprietários, apresentando rostos e vozes conhecidas do jornalismo televisivo para a formação de seu primeiro portfólio, como Michelle Loreto, Marcelo Lins, Guga Chacra, Sandra Annenberg e Renata Lo Prete, que apresenta *O Assunto*, carro-chefe dos podcasts da Globo.

Como não poderia deixar de ser, a companhia também passou a usar seu canhão midiático para promover seu cardápio de programas em áudio digital, com chamadas diárias ou semanais não apenas nos portais e telejornais, incluindo o *Jornal Nacional*, mas também nos programas de variedade e transmissões esportivas. Até as novelas da emissora ganharam cenas de *product placement* com personagens explicando o que é podcast ou sugerindo alguns dos programas da empresa. Para além da projeção numérica, ao entrar na casa das pessoas pelas telenovelas, o podcast mergulhou na cultura popular de uma forma não apenas definitiva do ponto de vista de alcance, como extremamente simbólica, considerando o peso da teledramaturgia nacional.

Entre os seus passos de evolução mais recentes no formato, em janeiro de 2021, a Globo realizou o AudioDay 2021, em que apresentou suas estratégias para o segmento de áudio digital. O evento contou com a participação de executivos da empresa e do mercado publicitário, profissionais independentes ligados à produção de podcasts, entre outros *players* do setor. Além de explicar como transformou o Globoplay num *hub* para os seus mais de oitenta podcasts, a Globo oficializou uma parceria com o B9 em que *Braincast* e *Mamilos* passaram a ser promovidos e comercializados pela Globo, que se tornou parceira de mídia exclusiva de ambos os programas.

A força da narrativa

Nesse evento, a companhia também anunciou a entrada em seu portfólio do *Projeto Humanos*, criado e apresentado pelo professor universitário, doutor em tecnologia e escritor Ivan Mizanzuk. Com quatro temporadas, o programa explora o formato de *storytelling* popular nos Estados Unidos que consagrou *Serial* e tantos outros, com linhas narrativas imersivas nas quais os ouvintes criam relações mais viscerais com as histórias. A quarta temporada explodiu com "O Caso Evandro", que esmiúça a história de um dos acontecimentos criminais mais chocantes do estado do Paraná e do Brasil. Não à toa, o podcast inspirou uma série em vídeo produzida pela Globo que está disponível no Globoplay.

Com o sucesso do título no contexto multiplataforma, Ivan Mizanzuk assinou contrato com a Globo para o desenvolvimento de produções futuras, em um movimento até então inédito. "Depois de cinco anos produzindo um programa de conversa (o *Anticast*), eu queria outras coisas. Naquela altura, eu já estava muito influenciado por alguns formatos gringos que eram audiodocumentários e pensei: 'quero fazer isso no Brasil'. E aí eu fiz cursos, tutoriais e li muito sobre narrativa em áudio. Eu já tinha alguma experiência com literatura porque eu fiz muita oficina literária, já tinha escrito livro, contos e tudo. Foi, então, uma questão de juntar o que eu gostava no áudio com o que eu gostava ao ler e contar histórias e como adaptar tudo isso para o áudio. E daí nasceu o *Projeto Humanos*", explica Ivan.

Além do *Projeto Humanos*, outros podcasts com essas características de true crime começaram a se destacar nos últimos anos no Brasil, como o *Praia dos Ossos*, com produção original da Rádio Novelo e apresentado por Branca Vianna, e o *Modus Operandi*, apresentado por Carol Moreira e Marina Bonafé.

Aliado ao surgimento de produtoras e redes especializadas em podcasts, o investimento de grandes empresas tem acelerado a profissionalização do segmento e popularizado o formato como nunca, despertando o interesse de produtores de conteúdo de todos os gêneros e características, o que torna o ecossistema mais diverso. Assim, com inspiração no modelo americano do *The Joe Rogan Experience*, com mesas-redondas de conversa muitas vezes também transmitidas ao vivo em plataformas de vídeo, como YouTube ou Twitch, podcasts brasileiros criados a partir de 2018 começaram a ganhar enorme projeção no cenário nacional.

Nessa linha, que muitos dos profissionais do próprio mercado denominam mesacast e outros chamam de video-cast, destacam-se shows como o *Flow*, o *Podpah* e o *Inteligência Ltda.* Apresentado por Bruno Aiub (Monark) e Igor Coelho (Igor 3K), o *Flow* passa ao vivo na Twitch e tem pílulas de cortes no YouTube. Já o *Podpah* é conduzido por Igor Cavalari (Igão) e Thiago Marques (Mítico) com transmissão ao vivo na página do programa no YouTube, e a mesma estratégia de cortes para gerar alto índice de compartilhamento dos melhores trechos dos bate-papos. Também com transmissão no YouTube, o *Inteligência Ltda.* é apresentado pelo comediante, desenhista e ator Rogério Vilela, um dos criadores do lendário *Mundo Canibal*, site com animações em Macromedia Flash, que incluía seções como "YouTOBA" e a paródia "Avaianas de Pau". Nos três casos, apesar da conversa descontraída, que muitas vezes descamba para o humor, o alto potencial de audiência, alcance e reverberação da conversa atrai figuras de peso para os estúdios, entre políticos do alto escalação, estrelas do esporte nacional e alguns dos artistas mais populares ou notáveis do país. Apesar de serem filmados, todos também estão nas principais plataformas de áudio.

Segundo o relatório "State of the Podcast Universe", publicado em 2020 pela Voxnest (empresa dos Estados Unidos que é referência em dados para a indústria do áudio), o Brasil lidera o ranking de criação de podcasts no mundo – Reino Unido e Canadá ocupam o segundo e o terceiro lugar. Para Luciano Pires, um dos pioneiros no segmento, os últimos anos provocaram uma espécie de tempestade perfeita para a evolução do ecossistema de podcasts. "Aconteceu tudo o que precisava acontecer. A tecnologia evoluiu o que tinha que evoluir, a forma de distribuição também. E a barreira de entrada agora é nula, inexistente. Você faz podcast do jeito que quiser. Com um aparelho de celular na mão, você coloca o podcast no ar rapidinho. Além disso, o público foi crescendo, crescendo e crescendo até o advento da Globo. Ao mesmo tempo, o Spotify e outras plataformas acabaram o rolo de você ficar correndo atrás de feed. Como caíram as barreiras tecnológicas e culturais, muita gente começou a fazer, surgindo podcasts para todo tipo de nicho. Não é mais aquela coisa dos nerds falando sobre nerdice", analisa Luciano.

No próximo capítulo, veremos os principais dados de audiência e comportamento do consumidor brasileiro, assim como a evolução do ecossistema nacional de podcasts, sobretudo sob os aspectos de profissionalização, negócios, produção, narrativas e monetização.

A evolução do ecossistema

Comportamento de consumo

Desde 2019, considerado de forma quase unânime um ano especial para o podcast no Brasil, o mercado não para de crescer e apresentar novas possibilidades para podcasters independentes, produtores, plataformas e anunciantes. Curioso notar que essa evolução é uma via de mão dupla. Por um lado, o aumento da audiência estimula o surgimento de novos produtores e atrai marcas. Por outro, novos *players*, como produtoras, grandes empresas de conteúdo e plataformas de streaming investem alto para puxar a demanda de consumo. No meio, como ponte entre pessoas, conteúdos e empresas, está a insaciável evolução tecnológica, que a cada passo facilita a vida de ouvintes, podcasters e anunciantes. Antes de se aprofundar nas principais nuances desse ecossistema no Brasil, é essencial conhecer pesquisas e estudos que se dedicam a entender o comportamento dos ouvintes de podcasts.

Na Audio.ad, unidade de negócios de conteúdo publicitário em áudio da Cisneros Interactive, realizamos, em janeiro de 2021, uma pesquisa com mil pessoas em todo o Brasil para identificar hábitos, preferências e estímulos de consumo a partir do contato com o áudio digital. Falando primeiro do consumo por dispositivo, vale fazer uma observação interessante: o percentual de pessoas que ouve áudio via smart TV (15%) já é maior do que o grupo que escuta em PCs ou notebooks (13%). Com o status de ser praticamente uma extensão do corpo das pessoas, os smartphones são os campeões do quesito (82%). Tanto tablets como *smart speakers* são usados por 4% dos respondentes, e 9% mencionaram outros meios de consumo de áudio.

Ao se tratar especificamente dos podcasts, a maior parte dos pesquisados os escuta de uma a três vezes por semana, com uma média que fica entre dois e cinco programas ouvidos nesse período. Entre os momentos ou motivações de escuta, 49% das pessoas ouvem para "distração ou relaxamento" 26% "trabalhando", 22% "no caminho para o trabalho", 20% "ao acordar", 12% "fazendo exercícios" e outros 9% por outros motivos. A plataforma mais usada para o consumo de podcasts é o Spotify, com 53% da preferência, enquanto apps e sites de podcasters representam 25% das respostas, Google Podcasts, 16%, Apple Podcasts, 13% e outros, 28%.

A pesquisa da Audio.ad também evidencia o potencial de influência comercial do áudio digital. Em 2020, as pessoas compraram uma média de um a três produtos após ouvir um anúncio no formato. Entre as categorias de produtos ou serviços mais adquiridos, segundo o estudo, estão: roupas e sapatos (27%), eletrodomésticos (26%), tecnologia (23%), produtos de supermercado (22%), educação (21%), eventos (17%) e carros e motos (17%). Além disso, a publicidade em áudio digital é considerada moderada por 47% dos participantes da pesquisa. Esse último dado é precioso no contexto do consumidor atual, que não suporta a interrupção nos formatos de mídia convencionais.

Outros apontamentos também são reveladores a respeito do áudio no país. Sobre aporte publicitário, o estudo "Impactos da Covid-19 no investimento de mídia do Brasil", promovido pelo IAB, mostra que o podcast é a principal aposta no aumento de investimento em mídia no ano de 2021. Se em 2020 apenas 4% admitiam injetar mais recursos no formato em comparação com o ano anterior, em 2021, o volume de aumento representa 23%.

Uma outra pesquisa, realizada pela Globo em outubro de 2020, mostra que quase 30 milhões de brasileiros com mais de dezesseis anos consomem conteúdo de áudio digital regularmente. O estudo também ressalta a forma como os podcasts já fazem parte da rotina das pessoas. Nesse panorama, 81% dos ouvintes do formato dizem consumir um podcast ao menos uma vez por semana. Entre os programas com maior audiência, destacam-se os voltados para notícias (36%), humor e comédia (31%), documentários (30%), séries (25%), saúde e bem-estar (25%), educação (25%), tecnologia (24%), economia e política (23%) e educação financeira e finanças (20%).

Sobre os principais motivos que levam as pessoas a consumir podcasts, estão "para aprender mais sobre um assunto" (49%), "para se manter informado e conhecer as novidades" (48%), "por lazer, para passar o tempo" (43%), "para escutar análises com especialistas" (29%) e "para acompanhar conversas e criadores de conteúdos e apresentadores específicos" (26%).

A respeito dos momentos de consumo, a pesquisa da Globo mostra que 44% ouvem podcasts enquanto realizam tarefas domésticas, 38%, enquanto estão navegando na internet, 25%, antes de dormir, 24%, enquanto trabalham ou estudam, 24%, enquanto estão indo ou voltando da faculdade ou do trabalho e 20%, enquanto realizam exercício físico.

Players de mercado

A cadeia produtiva de um podcast é composta por diversas atividades. Entre elas, produção, pauta, roteiro, edição, apresentação (host), montagem, direção, criação das trilhas sonoras, design, distribuição e gerenciamento de redes sociais. Em muitos casos, o podcaster é quem executa grande parte dessas funções. É o que evidencia o estudo "PodPesquisa Produtores 2020-2021", promovido pela Associação Brasileira dos Podcasters (abPod). A amostra conta com 626 respostas válidas. Nela, 34,3% dos participantes são, ao mesmo tempo, "apresentadores, editores e produtores", enquanto 13% são "apresentadores, editores, produtores e colunistas" e outros 6,5% acumulam as funções de "apresentador e produtor". No recorte por região, a pesquisa evidencia o quanto o mercado ainda está centrado no Sudeste, que abriga 54,2% dos produtores. O Nordeste tem 19,2%, seguido por Sul, com 13,7%, Centro-Oeste, com 6,5%, e Norte, com 2%.

Quando o assunto é hospedagem, 44,6% dos produtores de podcasts escolhem o Anchor, 7% têm hospedagem própria, 3,6% preferem Blubrry e Spreaker e 3,2% optam pela hospedagem no Podcloud. Entre as plataformas de escolha de distribuição, o cenário se configura da seguinte forma: Spotify (87,2%), iTunes (68%), Deezer (57,1%), YouTube (19,8%), Stitcher (19,4%), Spreaker (19,2%), agregador próprio (6,6%) e Anchor (3,5%). O estudo também mostra que o despertar e o investimento de grandes plataformas no cenário brasileiro, a partir de 2018, ajudou a fomentar o nascimento de diversos podcasts no país. Não à toa, 70% dos produtores que responderam à pesquisa afirmam que iniciaram seus programas de 2018 para a frente.

Outro ponto curioso é que, embora o profissionalismo tenha avançado algumas casas no segmento, sobretudo nos últimos quatro anos, a maioria dos podcasters ainda vê a atividade única e exclusivamente como hobby (65,7%). Nessa linha, apenas 14,6% têm receitas que pagam seus custos, 4,7% trabalham com podcast para complementar a renda, 2,8% têm grande parte da renda vindo do formato e somente 2,6% vivem exclusivamente da receita de seu podcast. Outro fruto desse estágio de maturação é que apenas 10% dos podcasters utilizam os serviços de produtoras especializadas.

Entres os *players* do ecossistema, estão:

Podcaster: é o host à frente do projeto, além de muitas vezes ser a voz de cada programa e uma figura onipresente e multidisciplinar que atua em várias frentes do projeto. Em resumo, é quem personifica o produto.

Produtora: além das produtoras exclusivamente de som e aquelas que trabalham com audiovisual, que nos últimos anos começaram a se preparar para ter o podcast como uma de suas entregas, a evolução de mercado também deu origem a produtoras especializadas. Entre elas, empresas como Rádiofobia, Maremoto, Ampère, Cisneros Interactive e Pod360, que atuam em todas as pontas, do desenvolvimento à distribuição de um podcast.

Plataforma de distribuição e hospedagem: as plataformas de distribuição são aquelas que, via app ou site, organizam os acervos de podcasts utilizando RSS e com uma interface que potencializa a experiência do consumidor. Entre elas, estão Spotify, Deezer, Castbox, TuneIn, Google Podcasts, Apple Podcasts ou agregadores próprios. As plataformas de hospedagem basicamente abrigam todos os arquivos e episódios de um podcast que, a partir delas, chegam a um agregador via RSS, sendo que algumas contam com ferramentas para agendamento e anúncios, entre outras. Entre elas, estão OmnyStudio, Anchor, Spreaker, Blubrry e Libsyn.

Redes: são networks com uma diversidade de podcasts e outros produtos de áudio digital cujo inventário é capaz de impactar uma massa de audiência ou grupos específicos, permitindo que as marcas consigam se conectar com a audiência de acordo com os seus objetivos estratégicos. É o que faz a Audio.ad, por exemplo.

Tipos de podcast

O aculturamento sobre o mercado de podcasts, assim como a profusão de referências, vai ampliando o leque dos produtos para técnicas, estéticas, linguagens e narrativas em podcast. Enquanto alguns formatos já estão amplamente consolidados, outros ainda estão começando a explorar suas possibilidades. Além disso, novas formas de fazer, promover ou distribuir podcasts podem surgir como poderosas tendências nos próximos anos.

Sem a pretensão de gerar consenso ou colocar as coisas em caixinhas, vamos dividir o universo de produção em cinco formatos mais populares: mesacast, storycast, entrevista e videocast, notícias e insights e, por fim, endocasts. A pesquisa da Globo mostra que as entrevistas têm a preferência do público (55%), seguidas pelas narrativas e histórias reais (39%), as mesas-redondas com conversas e debates (36%), reportagens aprofundadas (35%) e resumos do dia ou da semana (33%). Vamos a uma explicação básica sobre cada um deles.

Mesacast: mesmo quem nunca ouviu falar do termo, com certeza, já ouviu algum conteúdo com essa característica. O mesacast é como uma mesa-redonda de áudio digital. Esse formato é usado por programas que precisam da palavra de especialistas, com convidados ou que querem promover uma discussão sobre determinados assuntos. Atualmente, a maioria dos podcasts busca esse estilo por ser mais dinâmico, com pontos de vista diferentes do interlocutor. Além do *Nerdcast*, mais famoso podcast brasileiro, destaco bons exemplos nesse estilo, como o *Mamilos*, o *Café com* ADM e o *Xadrez Verbal*.

Entrevista e videocast: com uma dinâmica parecida com a do mesacast, nesses formatos também há uma conversa, mas com contornos e peculiaridades que se aproximam muito mais de uma entrevista do que de um debate. O vídeo não é uma obrigatoriedade, mas, nos últimos anos, esses podcasts também são transmitidos ao vivo, com imagens, em plataformas como YouTube, Twitch e outras do gênero. Como já dito, esse formato foi consagrado nos Estados Unidos por Joe Rogan e caiu nas graças do público brasileiro, popularizando também os chamados "cortes", que são pequenos vídeos com trechos das entrevistas com maior potencial de viralização, que se reverberam e geram mais *buzz*, engajamento e monetização para os canais e seus produtores. Nesse formato, destacam-se programas como *Flow*, *Podpah* e *Inteligência Ltda*.

Storycast: uma outra maneira de transmitir o conteúdo. Se você nunca ouviu esse termo, podemos dizer que o storycast pode ser o netinho da radionovela. Esse formato conta histórias sem o uso de imagem, por isso precisa, além de informar o ouvinte, instigar sua imaginação. No Brasil, o *Projeto Humanos*, do Ivan Mizanzuk, criado em 2015, é um bom exemplo, com histórias reais narradas pelo próprio Ivan. O episódio "O Caso Evandro", popularmente conhecido no Paraná como "As Bruxas de Guaratuba", chegou até a virar uma série de televisão. Esse formato, muito popular nos Estados Unidos, já tem algumas versões internacionais adaptadas para o português, como o *Guerras Comerciais*, criado e produzido pela Wondery, uma gigante da área. Esse storycast traz as histórias das maiores batalhas empresariais, como Coca versus Pepsi, Nike versus Adidas e, mais recentemente, Facebook versus Snapchat, dando exemplos de passagens históricas ligadas à ascensão dessas marcas até os anos atuais.

Endocast: uma novidade em termos de uso, traz o podcast como ferramenta de endomarketing. Seja com um storycast ou um mesacast, muitas empresas estão levando informações para seus colaboradores por meio do áudio digital. A mensagem é produzida com foco no ouvinte, com quem se comunica diretamente para compartilhar dados, novidades e informações. Com isso, em vez de "prender" as pessoas a um e-mail, a empresa consegue se fazer presente de forma imersiva e inovadora. A BASF e a Novartis já embarcaram nessa experiência, que no Brasil está apenas começando.

Notícias e insights: o formato de notícias é autoexplicativo. Com linguagem jornalística em sua essência, os podcasts desse segmento são praticamente idênticos aos programas de rádio, mas com informações menos perecíveis. Nos casos mais comuns, como no podcast *Café da Manhã*, da *Folha de S.Paulo*, e *O Assunto*, da Globo, o programa traz detalhes diários e dinâmicos sobre o assunto mais importante no momento, com narração, flashes e entrevistas. Já nos shows que trazem insights, as pautas são menos factuais e se atêm a temas mais profundos, como alguns mesacasts, com a diferença de que um único narrador conduz essas análises e reflexões. É o caso do *Café Brasil*, de Luciano Pires, um dos mais longínquos programas da podosfera brasileira.

Monetização e formato de anúncios

No que se refere à monetização, a "PodPesquisa Produtores 2020-2021" mostra que o financiamento coletivo continua sendo o principal modelo para os podcasters (12,1%), seguido de inserção de anúncios (3,8%) e ambos (2,2%). A grande maioria, 52,4%, ainda não faz a captação de recursos para o seu podcast. No modelo de financiamento coletivo, o podcaster pode abrir espaço para doações em plataformas específicas ou criar uma espécie de clube de membros em que os inscritos recebem benefícios ou conteúdos exclusivos. Com um potencial gigantesco, o modelo de monetização com publicidade, patrocínios ou outras formas de conectar marcas e audiência deve crescer vertiginosamente nos próximos anos. A seguir, alguns dos principais formatos possíveis.

Pré-gravado (spots dinâmicos): neste caso, os anúncios são gravados antes da data de transmissão de um programa e editados ou incluídos de forma dinâmica em um episódio. O tempo de duração pode variar e a mensagem pode ser distribuída antes (*pre-roll*), durante (*mid-roll*) e depois (*post-roll*) de um programa.

Lido pelo apresentador: o diferencial, neste caso, é que a voz do apresentador dá embasamento para a mensagem do anunciante. Sob o ponto de vista prático, esses anúncios podem ser lidos durante a gravação ou transmissão do programa, ou editados e gravados previamente, com ou sem uma mensagem de endosso dos produtos e serviços.

Endosso: também pode ser chamado de testemunhal. Nesse formato, o apresentador do programa descreve sua experiência pessoal com um produto ou serviços e incentiva seus ouvintes a comprarem ou consumirem o item anunciado.

Episódios temáticos: em um sistema de cocriação, esse formato apresenta às marcas a oportunidade de trabalharem criativamente e participarem da pauta central de um episódio, seja com informações, uma inserção mais sofisticada de mensagem, ou mesmo a participação de um especialista que possa contribuir com o debate proposto em conjunto.

Série de marca: com a mesma linguagem, narrativa e apresentação do podcast regular, a série de marca traz uma sequência apartada de podcasts cujo conteúdo tem relação com um tema de seu interesse. Assim como no caso dos episódios temáticos, a criação é realizada pelos produtores do podcast e pelo anunciante.

Patrocínios de apresentação: seja por um período ou por um número de downloads determinados, nesse formato as marcas têm a exclusividade de todos os anúncios de um programa. Além da menção do nome do patrocinador no começo ou no final do podcast, esse tipo de parceria também pode prever uma entrega visual, com a marca do anunciante na arte de cada um dos episódios.

Visão publicitária

Para fechar o capítulo com um viés mais opinativo sobre o potencial editorial e comercial, no Brasil, do podcast como um produto, compilamos a seguir o depoimento de alguns publicitários em posição de grande relevância no cenário nacional.

> *Os podcasts, desde a sua origem, sempre foram espetaculares como mídia de informação: acessíveis, simples e com muita diversidade de temas. Hoje, o formato clássico de entrevistas e bate-papo evoluiu, e muito. Temos séries de podcasts que são praticamente dramatúrgicas e vemos o formato invadindo outros, como os episódios que são gravados ao vivo na Twitch. Mas o que chama a atenção são os podcasts que viraram séries de reportagens, que são impressionantes do ponto de vista de conteúdo e produção, como foi "O Caso Evandro" (que virou série na Globoplay). Essa evolução da mídia trouxe muitas novas oportunidades para as marcas se aproximarem dos ouvintes. Indo do clássico patrocínio ou merchan para uma experiência que pode ser ao vivo na Twitch, ou outra que pode ser mais imersiva e proporcionar ao ouvinte uma vivência única, como o caso das reportagens e séries. Sem falar da forma mais dinâmica de consumo, com cortes e edições de melhores momentos, que explodem no TikTok e no YouTube.*
>
> Fernando Taralli, CEO da VMLY&R

A imersão que o podcast (e sua versão tipicamente brasileira que pode ser definida como "botecocast", em que três a cinco pessoas conversam animadamente sobre qualquer assunto, muitas vezes sem roteiro) propicia é um fenômeno impressionante. Que vai na contramão do senso comum sobre o consumo de internet, já que muitas vezes você encontra um público fiel que faz questão da assinatura e frequentemente paga por isso, e até pede por minutagem mais longa. Essa combinação de fidelização e imersão traz oportunidades muito interessantes para parcerias de longo prazo e, especialmente, para produtos com vinculação forte entre produtor de conteúdo e marca para estabelecer um elo maior entre ambos e o público.

Para além dessa grande oportunidade ainda pouco explorada, existe uma série de oportunidades mais evidentes de mídia em formato tradicional que ainda são pouco exploradas no Brasil, quando comparamos com o mercado americano. E a pandemia mudou muito o cenário do ponto de vista de consumo. A suspensão dos deslocamentos urbanos e viagens intermunicipais, que tinham nos podcasts um veículo de comunicação quase tão perfeito quanto o próprio rádio. Essa mudança atingiu também a produção, dificultando o encontro presencial por conta da Covid-19. Mas logo houve uma explosão do formato do podcast no YouTube brasileiro. Inspirados em produtores de conteúdo americanos, em especial Joe Rogan, os brasileiros passaram a adotar o formato e dominaram o algoritmo da plataforma de vídeos com a publicação de cortes com "trechos suculentos" de uma conversa, alcançando números mais e mais expressivos na plataforma. Em 2021, o YouTube passou definitivamente a ser um grande player do formato, de uma forma quase tão significativa quanto plataformas especializadas em áudio, como Spotify, Deezer, Apple e o Google Podcasts. Editorial e comercialmente, é difícil ignorar a repercussão do conteúdo gerado em podcasts no Brasil, e vários desses criadores de conteúdo passaram a ter um papel relevante no cenário de mídia brasileiro.

Andre Passamani, fundador e co-CEO da Mutato

No Brasil, o potencial é enorme. O país já é o segundo maior mercado de podcasts do mundo, atrás apenas dos Estados Unidos. Esses números só cresceram durante a pandemia, e a credibilidade dos podcasts bem pensados e produzidos só aumentou, o que significa que a efetividade nos processos de aproximação entre marcas e pessoas está se transformando numa realidade. Muitas marcas vêm ampliando sua participação no meio; optando por, além de patrocinar episódios, produzir também seus próprios programas e conteúdos. A evolução dessa mídia, sob o ponto de vista editorial e comercial, é inconteste. Aquilo que começou quase como uma brincadeira de amadores se transformou rapidamente numa tarefa para grandes profissionais. Me tomo como exemplo: no início, eu acompanhava os podcasts como acompanho qualquer novidade midiática. Só isso. Depois passei a ser ouvinte habitual de um deles, o podcast do Lauro Jardim e do Fernando Gabeira. Até que resolvi fazer meu próprio podcast, o W/Cast. Coloquei nele os mesmos cuidados de criação e produção que sempre coloquei nas peças publicitárias que realizei em toda a minha vida. Os resultados apareceram rapidamente. Já no terceiro episódio, tínhamos a vigésima quinta audiência, num universo de 1,9 milhão de podcasts. O patrocinador da primeira série foi a Bradesco Seguros, que ficou muito feliz com os resultados e resolveu patrocinar a segunda temporada, que começou a ser gravada no final de agosto de 2021 e que conta também com o episódio, na íntegra, em audiovisual. Observação: o estouro dos podcasts lembra o estouro das novelas de rádio, quando criadas nos Estados Unidos, em 1932. Para quem se interessa pelo tema, existe boa literatura a respeito.

Washington Olivetto, publicitário e criador do W/Cast

O podcast possui forte apelo para a audiência brasileira e, dependendo do público do anunciante, é de suma importância explorar o formato na estratégia de mídia. Vemos marcas investindo há anos em programas como o Nerdcast, *do Jovem Nerd, e hoje em dia, com novos nomes do cenário, como o* Flow. *Há um potencial ainda a ser explorado com o crescimento de formatos diferenciados, como os programas true crime, por exemplo, além dos shows com aposta em um* storytelling *mais longo. A roda de conversa foi o formato mais popular do Brasil durante anos, algo semelhante ao que já acontecia no rádio, mas com pautas específicas e menos interrupções. Nos últimos anos, o vídeo ganhou protagonismo e nomes como o* Flow *se popularizaram, seguindo o formato consagrado por Joe Rogan nos Estados Unidos. No sentido editorial, há uma clara busca por views em podcasts mainstream, fazendo com que alguns programas repitam convidados com poucos meses de intervalo entre uma entrevista e outra. Sob o ponto de vista comercial, as ações costumam ser com o famoso merchan no início dos programas, algo consagrado há anos no Brasil. Há uma clara evolução das marcas que já começaram a criar programas próprios, como o* Aliados pelo Respeito, *cocriado por Bradesco e Publicis e produzido pelo B9. Para o futuro, será interessante observar se formatos de longa duração ainda irão perdurar, mesmo com o público voltando a uma realidade em que ficar em casa não será tão comum.*

Eduardo Lorenzi, CEO da Publicis

O potencial é ilimitado e chegou para ficar. Se até então as pessoas tinham que, por exemplo, escolher entre se exercitar ou se informar, graças ao formato, essa escolha não é mais necessária: as pessoas podem se informar ou se entreter, por tema de interesse, enquanto fazem exercícios, tarefas de casa e até mesmo durante um momento de trânsito. O formato tornou o conhecimento mais acessível e otimizou o tempo das pessoas. Os principais veículos de imprensa e comunicação já se apropriaram dele, seja para que você possa escutar um programa de entrevistas, antes somente disponível na TV, *seja para aprofundar um tema, dando continuidade para matérias e entrevistas, se utilizando desse formato.*

Marcia Esteves, CEO da Lew'Lara

PARTE 2: UM PAPO COM AS VOZES BRASILEIRAS

Danilo Medeiros

Digital Minds

Considerado o primeiro podcaster do país com o *Digital Minds*, que entrou no ar pela primeira vez em 21 de outubro de 2004 e foi encerrado em 2009, quando ele deixou a podosfera para se dedicar inteiramente a outras criações digitais com sua empresa 32Bits, Danilo Medeiros é tão importante para a história do segmento, que a data do primeiro episódio do *Digital Minds* ficou estabelecida como o Dia Nacional do Podcast.

Você é considerado o primeiro podcaster brasileiro. Como foi essa aventura de experimentação de uma mídia que mal dava seus primeiros passos pelo mundo?

A primeira coisa que usei para baixar podcasts foi o agregador criado pelo Adam Curry, em linguagem Applescript. Nessa época, eu estava nos Estados Unidos fazendo uma série de coisas em meio a essa bagunça do começo dos anos 2000, com o início dos blogs e das tecnologias de compartilhamento via RSS. Era tudo muito divertido e a internet estava apenas começando, com tudo ainda sendo inventado. O podcast começou como uma espécie de audioblog para quem, assim como eu, gostava de áudio. Sou músico, sempre gravei coisas e era apaixonado por rádio AM. No final das contas, esse foi um daqueles momentos coletivos em que o mundo inteiro pensou a mesma coisa. Eu já tinha o blog *Digital Minds* e fiz também o podcast.

Qual era o intuito do *Digital Minds* em termos de conteúdo?
Era um metaprograma, na verdade. O primeiro episódio que eu fiz era falando sobre como fazer um podcast. Naquela época, era muito complicado. E isso durou uns quinze anos, até que hoje, finalmente, há ferramentas mais fáceis para isso. Naquele tempo, ninguém tinha placa de som, elas eram caríssimas. Até que vieram os primeiros MACs e os primeiros PCs com placa de som. Ao mesmo tempo, eu achava aquilo horroroso, porque você tinha que gravar as coisas e editar tudo. E eu nunca gostei de fazer podcast editado. Eu sempre gostei de fazer ao vivo. Um pouco no clima do rádio, né? Não tinha como mixar, botar uma trilha sonora no fundo, até surgirem os *mixers* de áudio interno. E aí você conseguia, pela primeira vez, pegar o som do input do microfone, misturar com o som do iTunes, na época, e botar um som de fundo. Eu sempre tocava uma música e as pessoas gostavam. Hoje em dia, eu teria que pagar um milhão de reais de direitos autorais. Uma coisa totalmente impossível. Esse é, na verdade, o motivo pelo qual eu tirei [o podcast] do ar.

Você fez o *Digital Minds* até 2009, quando ainda não havia começado esse boom de podcasts. Você imaginava que esse mercado explodiria dessa forma, como aconteceu nos últimos anos?
Eu sempre tive certeza de que isso iria bombar algum dia. Mas acabei indo por um outro caminho, trabalhando com tecnologia, cultura e outras coisas incríveis também. E eu já imaginava que o sucesso do podcast estaria ligado à evolução das ferramentas. O podcast nasceu por conta do iPod, basicamente. Não que você não tivesse podcast antes. Era possível escutar no computador, mas não nesse formato organizado e

fácil de usar. Depois disso, ficou evidente que ia dar certo. E eu acho que o potencial do podcast ainda não está nem perto de chegar onde deveria.

Falando sobre áudio digital, a voz agora também virou uma interface, com esses *smart speakers*. Como você enxerga essa tecnologia no futuro?
É interessante, né? Porque as interfaces de voz têm algumas características que são bem particulares do áudio. É uma coisa que funciona muito bem quando você está sozinho, em uma situação mais privada. Por outro lado, usar as interfaces de áudio em público é problemático por diversas questões. Em 2021, houve um fato relevante, com o Google lançando o próprio chip de celular, o Tensor. E isso pode significar um salto. Como o Google é a empresa dominante nas interfaces de voz, acho que essa é a prova dos nove dessa tecnologia. Vamos ver como as outras empresas reagem a isso também. A Alexa da Amazon chega perto, mas o arcabouço do Google é muito mais poderoso, as perspectivas são muito maiores. Já é uma coisa que algumas pessoas usam bastante, mas, ao mesmo tempo, tem as questões de que em português ainda não funciona muito bem, alguns celulares são melhores que outros, entre outras coisas.

Quais são os gatilhos de comportamento do podcast?
O podcast está diretamente relacionado ao uso do fone. Acho que é uma experiência sempre muito pessoal. É difícil ter uma casa em que as pessoas digam: "ah, vamos botar um podcast, vamos escutar um podcast". Isso não acontece. O rádio tinha um pouco esse apelo, ainda, e era escutado na sala, um lugar que mais tarde foi ocupado pela televisão. Mas hoje isso já está tão estratificado, tão compartimentado, que as pessoas têm cada uma sua tela. O YouTube tem conteúdos

diferentes para cada pessoa da casa. Eu acho que poucas famílias, a não ser que tenham um home theater, assistem filme em conjunto. Mas essa coisa de ver o *Jornal Nacional* de forma coletiva, como a minha geração cresceu [fazendo], está cada vez mais desaparecendo. Então essa é uma mudança significativa. Teve também uma mudança importante na forma como eu escuto coisas a partir do momento em que eu assinei o YouTube e comecei a acessar como se fosse um podcast. Hoje, o YouTube me ganhou completamente, eu escuto o áudio do YouTube. Não sei se posso dizer que isso é um alerta, mas é algo com que os podcasters têm que se preocupar. O podcast precisa estar no YouTube.

Você acha que a ascensão de programas como *Flow*, *Podpah* e *Inteligência Ltda.*, com vídeo de entrevistas, é um reflexo dessa tendência?

Não tenho dúvida. É uma outra ordem de grandeza, o acesso que o YouTube tem, em comparação com podcasts. Eu acho que é totalmente impossível ter um podcast hoje e não trabalhar o YouTube ou as outras mídias. O próprio Joe Rogan, por exemplo, tem muito sucesso, em grande parte, por causa do canal que ele tem no YouTube. É, talvez, o cara que mais ganhou dinheiro com isso até hoje. O canal dele é excepcional, as entrevistas são muito boas. A estrutura mínima que você precisa para ter um podcast de sucesso subiu muito, a barra está lá em cima. É necessário ter vídeo muito bem gravado, áudio, nem se fala, precisa ter o espalhamento desse conteúdo de alguma maneira por todas essas mídias digitais. As pessoas escutam e veem isso de formas diferentes. Sua audiência vai ser composta por esse mix de mídias. Pensar um podcast, hoje, é pensar a imagem dele, como vai ser o vídeo dele. Isso ficou muito claro para mim.

Por outro lado, há também alguns programas e narrativas que funcionam especificamente para áudio. Você acha que também há espaço para o crescimento deles?
Aqui em casa, meu filho ouve o podcast *Maritaca*, que é maravilhoso, e é exatamente isso: um programa de contação de história. O que eu digo é que se você trabalhar só o áudio, vai chegar em um limite. Vai chegar em um lugar que pode ser ótimo para você, não estou questionando isso, mas é uma outra escala. O vídeo é muito atraente. Então por que você vai só escutar? Esse não é um discurso contra o podcast, mas eu acho que é uma espécie de choque de realidade. Antigamente, você não se preocupava tanto com a questão da imagem porque o cara estava apenas escutando. Mas o YouTube percebeu isso, né? Os canais estão entrando nisso de uma forma que não é direta. E a competição está aumentando todo dia.

O YouTube também acaba sendo a porta de entrada do podcast para muita gente. O que você acha disso?
O Marcos Brownlee, o MKB, que talvez seja o maior youtuber de tecnologia, quando ele faz um podcast, automaticamente está ajudando a democratizar o formato. Ainda tem muita gente que não escuta. Só que a própria relação que você tem com o podcast, hoje, é diferente. É uma relação que está sendo mediada pelas grandes empresas de mídia, principalmente o Spotify e a própria Apple. É uma relação que, por si só, facilita o lado das pessoas que usam esses softwares. Mas, ao mesmo tempo, já meio que esfarela um pouco o conceito do podcast. Porque a ideia original do podcast era a de ser um conteúdo realmente livre, em que não tem que botar nada; você usa um software leve, baixa e escuta em qualquer lugar. Agora, é a coisa do streaming. O Rick Gervais, comediante, é um dos que está brigando, por exemplo, para que as pessoas usem somente tecnologias livres para ouvir podcast.

Também tem muita gente adaptando conteúdo para distribuir como podcast...
Sim. Quem faz um canal de YouTube está gerando conteúdo para podcast também. É bem natural isso, pois já está gravando áudio. Com um pouquinho de cuidado, se consegue transformar aquele programa em podcast. A televisão tem feito isso, por exemplo. Há os criadores que fazem o conteúdo prioritário em podcast, mas tem muito conteúdo em podcast que não é exatamente, e prioritariamente, criado para isso, mas que está sendo levado para o meio também. O podcast que eu mais gostava, que infelizmente acabou, é o do Ben Thompson, que se chamava *Stratechery*. É um cara que analisa o mercado de tecnologia de um ponto de vista meio econômico. As análises dele são muito interessantes. E era um podcast muito inteligente, o tipo da coisa que funciona bem para o formato.

Quais são os podcasts que você ainda ouve?
Eu gosto de uns caras mais velhos. Gosto muito, por exemplo, de um podcast que também está no YouTube, que é o do Leo Gordon Laporte. É um cara antigo de tecnologia, que passou por todas essas fases. É interessante porque o programa dele chama justamente esses caras mais antigos, tipo Kevin Marks, que viabilizou o RSS, lá atrás, e essa história de *embedar* o áudio dentro do RSS. Esse cara deve estar com sessenta e poucos anos, trabalhou um tempão no Google. São pessoas que se conhecem daquela época. Às vezes, é um programa até meio superficial do ponto de vista de tecnologia, mas muito com cara de programas de TV antigos, que eram para um público geral. É bem legal. Hoje em dia, eu escuto menos. Ainda mais na pandemia, em que estou em casa o tempo todo, não tem mais o trajeto para o trabalho, quando eu escutava muito podcast. Agora eu escuto mais na hora de dormir.

Um fato interessante é que o dia 21 de outubro, data do primeiro *Digital Minds*, ficou marcado como o Dia do Podcast aqui no Brasil. O que isso significa para você?
O podcast, mesmo, foi feito dia 20, que eu acho que era uma sexta-feira, se eu não me engano. Mas como eu fazia o RSS à mão, acabei colocando o RSS no dia 21. E foi isso que ficou. É uma curiosidade. Para mim, é uma grande honra saber que um pouquinho do que a gente fez ficou marcado de alguma maneira.

Você pretende voltar a produzir algo para podcasts?
Olha, eu espero sempre voltar com o podcast. Mas fico pensando o que eu posso dizer e aí também mistura muito com a ideia de fazer um canal no YouTube. Pode ser que saia uma coisa meio compartilhada, combinada, talvez. Não sei, eu penso em diversas coisas, penso em fazer um curso de podcast para iniciantes. Com esses anos todos trabalhando com isso, de certa maneira, eu tenho crédito para falar sobre o assunto. São ideias que eu tenho, mas que ainda não consegui viabilizar. Nunca encontrei parceiro certo. Eu queria muito fazer, só está faltando oportunidade, mesmo, alguma coisa pintar, uma ideia, uma parceria. É uma coisa que me dá muito prazer e que eu acho que tem muito potencial para explorar e fazer coisas legais.

Cris Dias

Ampère

Um dos profissionais mais versáteis do mercado de podcasts, Cristiano Dias já estudou mecânica, informática e publicidade, mas se formou em análise de sistemas na PUC-Rio. Começou sua incursão na podosfera como uma tentativa de recriar uma de suas brincadeiras preferidas na infância, quando simulava um programa de rádio usando equipamentos de seu pai e seu tio para comandar a "mesa de som". Criou assim o *Radar Pop*, seu primeiro podcast, antes de se tornar um dos apresentadores do *Braincast*. Hoje, além do *Boa Noite Internet* (site e podcast), tem a sua própria produtora, a Ampère.

Como começou o seu interesse pelo universo dos podcasts?

Primeiro eu comecei a blogar, em novembro de 2000, quando fui morar nos Estados Unidos para trabalhar como programador. Era um jeito de me manter em contato com a galera. E lá tinha um canal de TV que eu achava maravilhoso, o Tech TV. Era a MTV da tecnologia. Eu voltei para o Brasil e, um belo dia, entre 2004 e 2005, me perguntei: "cadê aqueles caras que eu via lá, o que aconteceu com eles?". Aí descobri que o canal foi vendido para o G4, mas vi o cabeça do canal, que era o Leo Laporte, dizendo: "estou experimentando aqui um negócio chamado podcast, rádio na internet". Aí baixei o podcast dele, estava bem no início, ainda era uma tremenda de uma gambiarra. No início, o podcast era um treco que você pendurava no iTunes para baixar o MP3 para o seu iPod. Eu não tinha nem iPod, nem MAC. Mas entendi. Beleza, vou pegar o MP3, show. Eu ouvia naquele tocador de MP3 que era um pendrive, que você comprava na rua da Alfândega, no Rio.

E aí foi imediatamente picado pelo mosquitinho do podcast...

Eu achei aquele formato legal e, desde aquela época, eu já era superinteressado em brincar com formatos novos. Só que o áudio teve uma coisa especial para mim. Quando eu era criança, não brincava de ser diretor de cinema, nem ator, nem roqueiro, eu brincava de ser DJ e apresentador de rádio. Na casa do meu tio, que morava perto, pegava a coleção de discos dele e colocava uma fita, apertava o REC, ligava o microfone do meu pai e brincava que era apresentador. Sempre fui apaixonado por rádio, cheguei a estudar radialismo na escola técnica, mas nunca trabalhei [com isso]. Me bateu uma responsabilidade, então fui trabalhar com informática, a "profissão do futuro". Em novembro de 2005, eu conversei com o cara que sempre gosto de apresentar como o meu melhor amigo, cunhado e sócio, nessa ordem cronológica, que é o Alexandre Maron. Eu ainda morava no Rio, ele já morava em São Paulo, e falei "esteja domingo, às cinco horas da tarde, na frente do Skype, que a gente vai fazer um treco".

E assim nasceu o *Radar Pop*?

Exato. Nesse dia, a gente gravou o primeiro episódio. E ele gosta de zoar até hoje, diz que eu fiz como se fosse um programa de rádio. Tinha quadro, musiquinha: "agora, a música da semana é Coldplay". E a gente tinha uma pauta, dessas que eram notícias da semana do mundo pop. Isso foi em novembro de 2005. E o *Radar Pop*, desde lá atrás, já tinha esse negócio de experimentar formato. Mas logo bateu a coisa do trabalho que dava para editar, até porque, na época, era uma megagambiarra gravar no Skype. Mesmo assim, conseguimos fazer de forma razoavelmente constante. E, na época, eu tinha uma empresa de hospedar site e um dos meus clientes era o Carlos Merigo, que já tinha o site *Brainstorm 9*, agora B9. Um dia, ele mandou um e-mail: "estou querendo fazer um podcast aqui". Eu passei as dicas para ele e falei assim: "cara, se você quiser, eu participo do primeiro". E me meti assim mesmo. As grandes e melhores coisas que eu fiz na minha vida foram assim, me metendo, de bicão. Eu me meti no *Braincast* e de lá nunca mais saí.

Quais são os principais desafios e oportunidades para quem quer ser bem-sucedido no mercado de podcast no Brasil?

O maior desafio, que ao mesmo tempo é a maior oportunidade, é que o podcast ainda é um formato livre de algoritmos. No seu blog, você tem, na pior das hipóteses, o SEO do Google, em todos os outros formatos de redes sociais você está sujeito a algum algoritmo. E isso, para mim, talvez seja a melhor coisa do podcast. Eu sempre falo que todo play de um podcast foi de propósito, pensado, a pessoa queria ouvir esse episódio. O problema disso é que tem uma barreira muito grande para alguém chegar no seu podcast. Se você inventar um podcast agora, ele ter zero ouvinte, você vai ter que ficar em todas as suas redes sociais enchendo o saco das pessoas para ouvir. E vai ter que fazer isso toda semana. Você não tem o sininho do YouTube que avisa, não tem um algoritmo que entende. Então, para quem está começando do zero, é difícil e é um trabalho de paciência, tem que acreditar, gostar, para passar por essa barreira. Por outro lado, quando a pessoa rompe essa barreira e ouve, você tem todos os indicadores de mídia digital, com uma retenção que costuma ser gigante.

Como é essa retenção em comparação com as outras mídias digitais?

Vou dar um exemplo. A gente, na Ampère, tem o *Big Shot Pod*, que é um podcast sobre basquete, sobre NBA, e eles fizeram um programa, uma vez, de uma hora e meia de duração. E quando você puxa a curva do Spotify de retenção, não é uma curva, é uma linha reta que só cai no fim do programa. Só que a bolha da internet é uma ladeirinha. Eu trabalhei com vídeo no Facebook, a curva de retenção de vídeo é aquele tobogã sinistro do Wet'n Wild. Tem outro caso. Há uns três anos, a gente fez um *Braincast*, de zoeira, falando sobre Airfryer. Até hoje, as pessoas associam Airfryer com a gente por causa de um programa. Foi um programa de uma hora ou uma hora e meia. E nem foi patrocinado. Mas o play foi pensado, o play foi proposital. Então, eu falo que podcast é a mídia com mais intencionalidade que existe. Quando você consegue fazer funcionar, isso é ótimo, é melhor do que qualquer outra mídia.

Você tem a Ampère e, por isso, uma visão holística de mercado. Como está a maturidade dos clientes no entendimento do podcast como mídia?

A gente faz os nossos podcasts originais, mas o que paga as contas é fazer podcast para os outros. E ainda tem de tudo nesse contexto da maturidade. O Gui, que é o meu sócio e produtor, brinca que a gente recebe e-mail assim: "me dá um quilo de podcast". A gente usa muito a palavra comunidade, e para cada cliente essa palavra significa uma coisa diferente. Mas deveria significar para todos uma relação de longo prazo. Assim, vou criar e estabelecer uma audiência. A maturidade vem da galera que entende essa construção episódio por episódio e que tem muito claro qual é o objetivo daquilo.

Há algum exemplo que traga um aprendizado interessante?

Eu conto sempre a história do nosso primeiro cliente, a Kolekto (software de CRM automotivo), integradora da Salesforce. Ele era pequeno, na época tinha cinquenta funcionários, e queria fazer podcast. Aí, desenhamos um programa que falava sobre o poder da nuvem e da integração, e ele disse: "tá legal, não tenho dinheiro para fazer esse projeto inteiro, mas vou ter um grande evento anual na Salesforce e levarei esse podcast". Fizemos um preço, produzimos, roteirizamos, narrei e foi divertidíssimo. Na semana do evento, eu e o Alê ficamos observando os números. No fim da semana, tinha setenta downloads. Pensei: "cara, não vai rolar". Chegou na segunda-feira, ele ligou e fechou a segunda temporada. Perguntei o que aconteceu, e ele me contou que colocou um estande no evento e ficava de fone de ouvido puxando as pessoas no corredor para ouvir o podcast. Lá pelas tantas, o cara que é o master blaster manager da Salesforce no Brasil virou para ele e disse: "você é o cara do podcast, que legal, me convida aí para participar". Assim, ele entrou no radar de um cara que nunca nem tinha dirigido a palavra a ele.

E ainda tem muito cliente usando o podcast sem uma estratégia clara, né?

Sim. Tem muito cliente, também, que enxerga o podcast como protótipo, o MVP [versão reduzida] de uma ideia, ou coisa do tipo. E há também uma discussão que já tive várias vezes sobre filmar. A gente faz vídeo também, mas tem que tomar cuidado para não ficar um vídeo ruim e um podcast ruim. Primeiro, a gente pensa o formato no áudio. Tem que ter vídeo? Então, vou me preparar para, na hora da gravação, captar coisas que vão virar vídeo. Não é simplesmente desdobrar, palavra que é um terror na publicidade. Tem que ser tudo muito bem pensado, como foi o caso do *AmarElo Prisma*, que a gente fez com a Mutato e a Lab Fantasma, do Emicida. Beleza, tem que ter YouTube, então vamos ver roteiro, esse roteiro tem que funcionar em cinco minutos e em quarenta e cinco minutos, com edição, captação e roteirização de pedaços específicos.

Tem que ver se é um vídeo que pode ser escutado como podcast ou um podcast que pode ser visto como vídeo. Isso acaba confundindo.
Se você, produtor, cliente ou anunciante, for comparar números de audiência de podcast com vídeo, seja no Instagram ou YouTube, é melhor nem começar. A comparação não pode ser essa. Óbvio que todo mundo sempre quer ter mais ouvintes, mas o que você tem que comparar é o que o YouTube chama de *watch time*, que é a história que eu falei da Airfryer. A pessoa vai ficar uma hora e meia ouvindo o que você tem a dizer. Ela está disposta a te dar o tempo que você quiser para contar a sua história, porque o celular está no bolso, ela está lavando louça, está na academia. A gente brinca que o horário nobre do podcast é quando o corpo está ocupado e a mente está ociosa. As pessoas ouvem até o final. Então, é esse tipo de conta que tem que ser feito.

Como produtor, qual é a visão que você tem hoje sobre os melhores caminhos para financiar um projeto de podcast, entre doações, assinatura e publicidade?
A resposta é famosa: todas as opções acima. Ou, em outras palavras, não botar todos os ovos em uma única cesta. O meu jeito favorito é a relação com o fã, seja no PicPay, Catarse, Apoia.se ou qualquer outra plataforma. Porque é uma relação mais direta, que me dá mais liberdade não só de falar o que eu quiser, como de virar uma semana e falar "não vai

ter programa esta semana porque eu fiquei doente, eu não estou bem". Há uma troca com a comunidade. O problema desse formato é que dá mais trabalho, porque ninguém patroneia um podcast recebendo somente carinho e apreço. É preciso oferecer algo mais. Tenho que oferecer alguma coisa para aquela pessoa além da energia positiva. A publicidade ainda paga a conta de muita gente, mas entra naquela história do alcance: "quantos ouvintes você tem?".

E tem outro tipo de valor na relação entre o produtor e o seu próprio produto, que é a reputação, certo?
Foi como eu construí a minha carreira. A primeira vez em que fui ganhar um centavo com podcast foi no fim de 2018. Mas todos os empregos que eu consegui desde 2008, quando deixei de ser o "rapazinho da programação" e vim para a comunicação, foram por causa do podcast. O cara que foi meu chefe no Facebook por cinco anos, eu conheci gravando o podcast. Então, você forma uma rede de contato, forma reputação, portfólio, mostra um monte de coisas, inclusive a capacidade de fazer algo toda semana. Provavelmente, para a maioria das pessoas, esse vai ser o principal jeito de monetizar. E isso pode se desdobrar em dar curso, palestra, e aí talvez seja o meio do caminho entre reputação e publicidade.

Além do mesacast, que é muito forte, quais tendências você vê em termos de formato para podcasts?
A tendência é o público entender que existem outros formatos além do mesacast. Isso já vem mudando muito desde a entrada de Globo e Spotify no mercado. Então, por exemplo, programas como *Café da Manhã* e *O Assunto* já são acessados com frequência e estão disponíveis todos os dias de manhã, com uma curadoria de notícias para sabermos o que está acontecendo. Eu cheguei a escrever um artigo, que coloquei

no Medium, comparando o podcast brasileiro com o americano. O brasileiro é o mesacast, que vem dos blogueiros, das pessoas apaixonadas pelo que fazem. Também porque é o mais fácil e rápido de produzir. Você só consegue fazer um *Mamilos*, um *Braincast* por semana porque são mesacasts. Nos Estados Unidos, o podcast vem do *This American Life*, é o *Radiolab*, demora um mês e meio para fazer cada episódio, tem uma equipe com cinquenta pessoas. É lindo, eu adoro, meu formato favorito. Ele vem do rádio, do jornalismo; todos esses caras estudaram jornalismo, são escritores que foram se achar no rádio. Só que também há um grande crescimento de mesacasts por lá.

O que você acha do potencial dos podcasts de ficção no Brasil?

Ficção é uma coisa que está começando a aparecer, mas dá bastante trabalho e é caro fazer. Mas, se você pega tudo que aconteceu durante cem anos de rádio no Brasil, programa de auditório, *game show*, o que você quiser, dá para fazer. A maior barreira, na verdade, acaba sendo a música, por causa de direitos autorais. Então, o Spotify está tentando dar um jeito nisso.

Qual é a importância do nascimento de empresas especializadas, principalmente as produtoras de podcast, para fomentar a evolução do mercado?

É um processo orgânico, de fazer e aprender. A gente bota no nosso cronograma um tempo de aprovação grande no sentido de voltar e refazer, porque acredita muito em fazer episódio piloto. Eu posso apresentar o PPT mais lindo do mundo, você pode falar "entendi, sou ouvinte de podcast e está tudo certo". Mas, na hora de fazer, "ah, entendi, dei play aqui", está feito. Esse processo vem de fazer, inclusive a parte de métrica. Como vou justificar a grana que estou botando nesse podcast?

Métrica ainda é um desafio para o mercado, certo?
Agora, com a Apple e o Spotify, você consegue ver a retenção; até outro dia, nem isso dava para ver. É uma coisa que você vai vendo o resultado por fora, tem que dar a volta para chegar no resultado. E só fazendo para saber. Aí, para muita marca, o melhor jeito é começar como anunciante, e não fazer o próprio podcast. E a gente já teve essas conversas com alguns clientes: "não, cara, a gente não vende alcance, vai ali. Te dou o contato do B9, anuncia lá que você vai ver". E aí a pessoa entende, bota o pezinho na água e fala "agora, eu entendi".

A dinâmica é muito diferente das outras mídias...
É diferente de todas as outras coisas, é diferente de você comprar um "arrasta pra cima" no Instagram, fazer um comercial na TV. Os principais anunciantes de podcast no Brasil são ouvintes de longa data, porque sabem todos os produtos que já compraram porque ouviram no podcast, sabem todas as vezes que choraram, que fizeram isso ou aquilo. Eles não precisam ser convencidos. O Marcelo Salgado, que é gerente de marketing do Bradesco, ouve podcast desde o *Radar Pop*, do primeiro *Jovem Nerd*, então ele sabe. Ele entende a métrica, entende o impacto de patrocinar o podcast nos comentários do Facebook dele. Ele viveu isso como ouvinte, agora vive como anunciante. Então, esse crescimento de mais gente ouvindo vai permitir isso.

Carlos Merigo
B9 Podcasts

A voz que conduz o *Braincast* acompanha brasileiros há aproximadamente quinze anos. Nesse período, Carlos Merigo viu diversas metamorfoses do segmento e teve a oportunidade de testar formatos editoriais e comerciais. Também ajudou a construir e viu nascer os projetos de outros podcasts de referência para o mercado, como *Mamilos* e *Anticast*. Para desbravar caminhos nesse território que agora apresenta novas oportunidades, ele alia a vocação de produtor de conteúdo, desde que o *B9* era apenas um blog, com sua visão de publicitário. Antes de conhecer os podcasts, teve passagens por agências como McCann Worldwide, Espalhe – Marketing de Guerrilha e Fischer América, atuando para marcas como Nike, Google, Heineken, Honda, Panasonic, Fox, Vivo, Electrolux, National Geographic, Novartis, Tetra Pak, entre outras.

Como foi seu primeiro contato com o podcast?

Eu tinha amigos que já faziam. O Cris Dias e o Alexandre Maron tinham o *Radar Pop*, e também existia o *Nerdcast*, no seu início. Lembro de começar dando play em um MP3, no próprio iTunes. Aquilo se transformou num hábito, o de começar a carregar aquelas conversas que eram super longas, de uma ou duas horas de duração. Poderia ser um contrassenso, para muitas pessoas, ficar ouvindo horas de conversa, mas para mim foi apaixonante. Acho que muita gente que conheceu o podcast teve essa experiência, de se sentir amigo das pessoas que estavam ali no pé do ouvido.

Você já tinha o *B9*?

Fazia uns três anos que o *B9* existia. Fiquei com muita vontade de explorar um conteúdo em áudio como uma extensão do site. Por volta de 2006, criei o *Braincast* gravando sozinho em casa, com uma qualidade bem sofrível, fazendo testes, lendo cartinha e e-mail da audiência do site. Comecei a chamar amigos para gravar e eu mesmo editava. Eu trabalhava em uma agência na época, então eu gravava o episódio e, madrugada adentro, editava o áudio para publicar no dia seguinte ou uns dias depois. Com o tempo, foi evoluindo, conquistando uma audiência que foi descobrindo esse conteúdo.

Foi um período de muita transformação?

O *Braincast* foi passando por várias metamorfoses, foram vários episódios em áudio. Com o YouTube, começou-se a ver ali o chamado "pivotar para o vídeo", e a gente começou a produzir também uma versão em vídeo com a Colmeia. Depois de um tempo, paramos pela dificuldade. O vídeo demandava cenário, iluminação, era todo um circo para produzir, ao contrário do áudio.

Como se chegou ao formato atual do *Braincast*?

A temporada atual começou em 2012, e desde então venho explorando o formato de toda semana trazer uma pauta com convidados especialistas para debater um pouco de criatividade, inovação, comunicação e tecnologia.

E aí começou a expansão?

Foi um caminho natural. Temos o *Braincast*, que tem a sua audiência cativa. Pensamos: "vamos trazer outros podcasts para dentro do *B9* que possam ampliar nossa audiência e explorar novos assuntos". Primeiro trouxemos o *Anticast* e depois o *Mamilos*. E o resto é história. Foi crescendo como uma rede que hoje tem mais de vinte shows no ar, com episódio novo todo dia e quase quatro milhões de ouvintes todo mês.

Quando você começou a perceber o podcast como um negócio promissor e a formação de um mercado que se tornaria o que é hoje?

O *Braincast* como um todo sempre teve o privilégio de ser um conteúdo bastante consumido por profissionais da comunicação. Ainda lá no começo do site, agências e marcas me procuravam interessadas em anunciar. E o podcast, como ele nasceu muito focado em falar sobre comunicação e criatividade, também atraiu um público majoritariamente do mercado publicitário e de comunicação. Pessoas que começavam a se apaixonar pelo conteúdo e gostar de áudio acabavam levando essas oportunidades para suas próprias agências e clientes. Em 2012, 2013, a gente já começou a produzir conteúdo em parceria com marcas. Então, teve um episódio temático com o Google sobre como tirar suas ideias da gaveta; seis episódios temáticos sobre fotografia com a Stockphoto; um com a Nextel para falar sobre grandes ideias que mudaram o mundo...

Dava para saber o tamanho que isso chegaria a ter?

O podcast era um conteúdo em áudio, um conteúdo auxiliar de outras mídias, e na época o vídeo era a grande coqueluche, com as plataformas jogando bilhões de dinheiro para produzir séries de TV e querendo criar seus canais. Então eu jamais diria que o podcast ia chegar na fase em que chegou hoje, mas imaginei que ia ter o nicho. No fim, isso foi crescendo em audiência, em interesse das marcas, em possibilidade de conteúdo e nas próprias plataformas de streaming.

E aí as coisas foram acontecendo...

Indo em passo de tartaruga, vendendo projetos, um spot aqui, um conteúdo ali. Não vou dizer que foi super planejado: "vamos estruturar o mercado de podcast". Acho que, como tudo na internet, não tem mais aquela inocência do começo dos anos 2000, de fazer o conteúdo baseado no amor. Mas tudo começou com base em gostar de fazer o conteúdo e tentar juntar a fome com a vontade de comer.

Quais são os principais desafios e oportunidades para o podcast sob o ponto de vista editorial?

Temos bastante oportunidade, principalmente aqui no Brasil, de explorar o conteúdo de áudio, em sua totalidade, em outros formatos. No *B9*, já nos aventuramos em estilos diferentes, mas temos ciência de que não exploramos totalmente. Há uma profusão muito maior, de quantidade e qualidade de conteúdo, de diversidade de conteúdo. Acho que a oportunidade está em conseguir explorar essas narrativas em áudio para ficção ou não ficção. Entendo também que o Brasil tem uma particularidade: a audiência gosta muito de conversa, de mesa de debate, de se sentir parte. E acho que isso não vai mudar. Mas dá para abrir os braços nesses outros formatos e atrair novos ouvintes.

E do ponto de vista comercial?

Na época em que eu trabalhava em agências, o cliente queria criar o seu próprio Orkut, o seu próprio Facebook. Tivemos a fase em que todo cliente queria ter um aplicativo a qualquer custo, não importa o quê, e eu acho que o podcast também passou e passa por isso, com muitos clientes querendo fazer o seu podcast. Legal, mas acho que as marcas se dão melhor quando fazem parte de um conteúdo que já é popular e relevante, participando de conversas que já existem. A gente faz bastante esse trabalho aqui no *B9*, de, quando chega um cliente querendo criar o seu próprio conteúdo, tentar mostrar outros caminhos criativos.

Tem algum caso de destaque nesse sentido?
Um foi a Coca-Cola, que queria criar um podcast. Ficamos em um brainstorming com cliente e agência e transformamos a ideia em uma temporada de um podcast que criamos em conjunto, o *Ponto de Virada*, para discutir a carreira das pessoas de uma maneira aberta, transparente e humana. Já são duas temporadas no ar, com dez episódios cada. Propomos uma conversa real, que fosse ser útil para as pessoas no dia a dia, e não o podcast da marca. Eu acho que o desafio é um pouco esse, conseguir aterrissar o desejo dos clientes de serem donos do conteúdo e realmente fazerem parte das conversas. Então, a gente negocia temporadas, novos podcasts ou um episódio temático, ou pílulas de conteúdo.

Os anunciantes estão mais abertos para isso?
Melhorou bastante, principalmente com a questão de, nos últimos anos, diversos veículos, marcas de mídia e produtoras fazerem o conteúdo. Antes, tínhamos que explicar o que é um podcast. É óbvio que não é tão simples, porque de certa maneira, quando você propõe a criação de conteúdo em conjunto, está tirando um pouco o controle do cliente. Não vamos falar só o que você quer, não vai ser só a mensagem "nosso produto é o melhor", "compre tal coisa". Vamos tentar propor uma história mais longa e encaixar a sua marca. Essa proposta de o cliente perder um pouco o controle às vezes assusta, mas as grandes marcas, as mais inovadoras e, sinceramente, com as que a gente mais quer trabalhar, entendem isso, já vêm muito preparadas para esse tipo de criação e conteúdo. De nosso lado, sempre nos

pautamos em criar a nossa marca mais baseada nos nãos que vamos falar do que no sim.

Precisa fazer sentido para todos os envolvidos...
É mais difícil, mas dá para conseguir chegar no melhor de dois mundos. Tem que ser bom para nós, como produtores e criadores de conteúdo, para a marca e, principalmente, para a audiência, porque ela também tem o botãozinho *skip*. Se não for legal, ela passa para o próximo.

Qual é a importância do *Braincast* para o *B9*?
O podcast se transformou em um pilar para a empresa. O *B9* como site continua existindo, cobrindo o mercado, tem a sua audiência cativa, foi importante como vitrine para os podcasts e continua sendo. A gente divide a empresa, hoje, em três pilares: o núcleo de conteúdo, que produz para podcasts e para o site; uma BU [unidade de negócios] de produção para marcas de podcasts, que não são necessariamente conteúdos que serão veiculados no *B9*; e uma BU de novos negócios, em que a gente explora educação, eventos, palestras. O podcast está presente em dois pilares, nas nossas produções de conteúdo próprias e na nossa produtora. Então acabou se tornando fundamental para a gente não só financeiramente, para poder atrair novos negócios junto com as marcas, mas também para atrair novas audiências.

Quem ouve o podcast conhece o site e vice-versa?
Tem muitas pessoas que ouvem nossos podcasts e nem conhecem o site, nunca acessaram. E isso é muito legal, porque a gente consegue ampliar a nossa capacidade de atrair a audiência em diversos formatos. E tem um trabalho diário de fazer esse *cross*. A gente sabe que a audiência vai escolher o que ela quer consumir: só ler, só ouvir ou só assistir. E tudo

bem, o que importa é você estar em todos os contatos com quem quiser te consumir.

A decisão é sempre do público.
A gente vê isso muito hoje, nessa profusão de podcasts que nem são podcasts, mas são chamados assim porque também estão em áudio, que são os programas de entrevista no YouTube. E isso é uma esperteza, porque tem gente que só quer ouvir o podcast, não precisa assistir. Ou, se está em casa e pode assistir, bota no YouTube. Ou quem quiser ler pode transcrever o texto. O importante é pegar sua propriedade intelectual e explorar em diversos formatos.

Quais tendências você vê para o futuro do mercado de podcasts?
Tem uma questão central que é o papel das plataformas, como Spotify e Deezer, e o quanto elas conseguem influenciar esse mercado com base no que vão produzir, no que vão destacar, e eu acho que é o mesmo cenário que a gente viu acontecer com a Netflix. A gente passou por um período em que a Netflix parecia dominar o mercado, surfar sozinha. Continua sendo a marca mais forte, mas, com o passar dos anos, essa guerra se intensificou e hoje temos diversas plataformas produzindo, botando cada vez mais dinheiro em fazer conteúdo. Do ponto de vista de criar conteúdo, acho que tem um futuro bastante promissor. Quanto mais empresas, mais produtoras estiverem entrando e aportando dinheiro na produção de conteúdo, vamos ter um cenário muito bom para a criação e para a criatividade. A gente vê no podcast uma ferramenta fundamental, como um celeiro de propriedade intelectual. Você cria um conteúdo em áudio e, se for legal, leva depois para o vídeo, como a gente já viu acontecer: a Amazon transformando podcast em série na TV, a Netflix

fazendo o mesmo. Do ponto de vista criativo, acho que tem um futuro muito promissor com um aporte de dinheiro e talento. Nossos podcasts estão no Globoplay, que também está investindo em conteúdo original.

E quais desafios?

Fica uma incógnita para quem talvez tenha um negócio, queira competir em nível de tecnologia ou de plataforma. Temos gigantes como Netflix, Spotify, Apple e Deezer investindo pesado em tecnologia para tentar fechar o podcast nesses silos. E isso pode ser um pouco perigoso para os podcasts em si, para quem tem suas próprias criações independentes. Antes era bem democrático, mas, com a entrada do Spotify e outras empresas, começaram a fechar os podcasts nos silos. O podcast passou a ser exclusivo de uma plataforma, não está mais em todo lugar... Então, o criador de conteúdo independente precisa ficar de olho aberto para saber como ele vai conseguir existir e coexistir no meio de tanta plataforma tentando fechar os podcasts em silos. Tem coisas boas e ruins.

Há outras formas de rentabilizar conteúdo, como assinaturas, grupos fechados... Você defende esse tipo de ação?

Antes de qualquer tipo de publicidade ou de cobrança de assinatura, ou de apoio de audiência, sempre fui partidário de você produzir o próprio conteúdo como uma maneira de se destacar na multidão. Acho que o *B9* fez isso por mim, os podcasts fizeram isso por mim, as últimas agências em que trabalhei antes de focar no *B9*; fui muito contatado por conta do meu trabalho no site, de pessoas que me liam. O mercado publicitário sempre dependeu muito de você sair com seu portfólio debaixo do braço batendo de porta em porta para mostrar o seu trabalho e ser contratado. O *B9* fez com que eu saltasse várias etapas, pulasse vários degraus, porque eu não precisei ficar batendo de porta em porta para ser conhecido. E o podcast também me ajudou a conhecer bastante gente, fazer contatos, fechar vários negócios com clientes que passaram a me conhecer, além de participar de eventos e dar palestras. Ter uma multidão de pessoas tentando se destacar no mercado e produzir o seu próprio conteúdo ajuda nisso. Depois, a gente também já testou aqui e faz até hoje nos nossos conteúdos, nos nossos podcasts, há o trabalho de a assinatura oferecer conteúdo extra. O *Mamilos* e o *Braincast* têm grupos fechados em que a própria audiência se torna assinante e recebe conteúdo extra, como um corte que não entrou no podcast. Além do mercado publicitário e das marcas, ter o apoio da sua própria audiência é fundamental.

Então ter diferentes modelos é fundamental?
Acho isso muito importante, porque tem conteúdo que precisa existir sem precisar de anunciante, de marca. Esse modelo de crowdfunding é fundamental para a internet. E desde que você consiga entregar para o assinante esse valor agregado com consistência, acho que é sucesso. O podcast tem muito disso, de atrair uma audiência que é fiel, mesmo, gente que vai querer te ouvir sempre, que vai te carregar no ouvido.

Assim, qualidade de audiência é melhor que quantidade.
A gente tem muito influenciador, hoje, que é influenciador porque está vivendo a vida e, por isso, tem milhões de seguidores. Mas faz uma campanha e é um fiasco, não vende nada. Como aquela influenciadora que tinha milhões de seguidores e não conseguiu vender trinta e seis camisetas. Ela estava vivendo a vida. Não tinha conexão, influência

real para conseguir vender algo, não tinha autoridade para vender. Então, às vezes é melhor ter só cinco mil seguidores, mas ter autoridade com essas pessoas e poder indicar algo. O *Braincast* está longe de ser o podcast mais ouvido do mundo ou do Brasil, mas acredito que, com a audiência que a gente tem, conseguiu estabelecer, ao longo dos anos, uma autoridade nos assuntos. Quando uma marca quer falar de inovação, tecnologia, futuro, a gente tem bagagem para se comunicar com a nossa audiência.

Qual é a sua dica para quem está começando?
Não dá para ficar fechado em uma bolha, em um único silo de conteúdo. O que acaba valendo é a propriedade intelectual e a personalidade que você cria. E nunca deixar de lado seus outros pontos de contato. O *B9*, como nosso site cobrindo o mercado, com conteúdo majoritariamente em texto, continua sendo importante, mas estar nas redes sociais também é. No fim, tudo acaba convergindo para uma única coisa, que é a sua autoridade, a sua personalidade.

Luciano Pires
Café Brasil

Há mais de quinze anos na podosfera, o comunicador Luciano Pires tem no podcast *Café Brasil* um de seus principais projetos, que conecta todos os demais. A história, que começou praticamente por acaso, teve como faísca um artigo que ele escreveu para demonstrar sua indignação com um conteúdo da TV aberta. O que ele não imaginava é que essas pílulas opinativas se reverberariam pela internet até chegar ao rádio. Daí para o podcast, foi uma questão de tempo. Hoje, o formato é a espinha dorsal de um ecossistema que também integra rádio, vídeo, redes sociais, aplicativos de mensagens, livros e palestras.

Qual é o embrião do *Café Brasil*?

Sou produtor de conteúdo desde os anos 1990, já tinha o livro *Meu Everest* e estava na Nova Brasil FM. Por volta de 2003, num domingo, liguei a TV, caí no SBT, o Gugu chama MC Serginho e Lacraia cantando "Eguinha Pocotó". Desliguei e fui cuidar da minha vida. À noite, liguei a televisão, Gugu diz: "gente, batemos um recorde de audiência e vamos repetir o que passou", e aí, "Pocotó" de novo. Quando eu vi da segunda vez, escrevi o artigo "Brasileiros Pocotó", em que exprimia minha indignação. Esse artigo foi lido na rádio e explodiu sua caixa postal. Aqueles duzentos nomes viraram dois mil e quinhentos em uma semana. E ali eu vi que tinha uma carência do brasileiro de discutir o porquê dessa baixaria toda. O SBT respondeu ao meu e-mail e terminava dizendo "olha, o que seria do azul se todo mundo gostasse do amarelo?". E aí eu escrevi uma tréplica e terminava dizendo "bom, pela explicação, a gente tem mais é que se conformar em ser Brasileiro Pocotó".

E aí surgiu o livro?

Juntei o material, aproveitei o embalo da rádio, que estava num barulho, e montei um livro chamado *Brasileiros Pocotó*. Ele foi lançado em 2004, junto com a palestra "Brasileiros Pocotó". Estava nascendo, e terminou de nascer, o Café Brasil, que é a minha empresa. Comecei a ler os artigos na rádio e fazia palestras pelo Brasil afora. Um dia, fui almoçar com um amigo e comentei que eu queria expandir o negócio de palestra, e ele falou "cara, vai pro rádio". Ligou para a Rádio Mundial, marcou uma reunião, eu fui, e saí de lá com um contrato assinado para botar no ar um programa ao vivo. Minha empresa se chama Café Brasil, botei o nome do programa de *Café Brasil*. Foi em maio de 2005. Toda sexta-feira, eu fazia um programa ao vivo.

E como foi do programa ao vivo para o podcast?

Passou um tempo, achei que o ao vivo estava muito ruim, na correria, e decidi gravar em estúdio. Depois de uns setenta programas, pensei: "quem ouviu, ouviu, quem não ouviu, não ouve mais? Deve ter um jeito de esse negócio ser ouvido, né?". E aí, eu conversando com um nerd que trabalhava comigo, ele criou o Rádio Café Brasil, um player rudimentar que tinha todos os programas alinhados do lado. Um dia, recebo um e-mail de um cara falando que tinha todos os meus programas. Questionei, e ele explicou como montou uma biblioteca. Aí, descobri o podcast. Achei uma empresa que fazia tudo. Botaram, criaram todo o caminho, feed, aquela coisa toda. E eu mandava para eles o CD e o programa subia. No primeiro mês, teve quase quatrocentos mil downloads, foi uma coisa absurda. E começou a crescer.

Foi nessa época que você inverteu o caminho entre rádio e podcast?

Um dia, olhei para aquilo e vi que tinha sentido fazer um programa de rádio no formato de podcast. Aí, passei a fazer um podcast que ia na rádio. Em setembro de 2006, foi ao ar o primeiro *Café Brasil* em forma de podcast. Estou na rádio até hoje, todo domingo às quatro e meia.

A linguagem mudou? E a forma?

Ficou praticamente a mesma coisa. Mas na rádio eu falava "vocês" e no podcast eu passei a falar com "você". E me libertei completamente. O *Café Brasil* nasceu com vinte e cinco minutos de duração. Naquela época, o podcast era mesa de bar, os nerds batendo papo e fazendo piada interna durante duas horas, com gritaria. Aí entro eu sozinho, falando de temas de alta reflexão, com música brasileira. Nasceu com uma estética como se fosse uma palestra. A base nunca mudou. Mas, com o tempo, fui mudando a locução e o programa ficou mais profissional. Já são setecentos e oitenta programas *Café Brasil* no ar, duzentos e vinte *Lidercast* e quatrocentos e seis *Cafezinhos*.

Como um dos precursores, como é o balanço que você faz desse boom dos últimos anos, do ponto de vista de conteúdo e comercial?

Obedeceu a uma tempestade perfeita. Aconteceu tudo o que precisava acontecer. A tecnologia e a forma de distribuição evoluíram. A barreira de entrada é nula, você faz podcast do jeito que você quer. Lembro que, no começo, foi uma tremenda discussão de como fazia, que tipo de equipamento comprar. O segundo ponto é que o público foi ampliado e crescendo até o advento da Rede Globo. Costumo dizer que, em 2019, ela inventou o podcast quando pegou o termo e levou para o *Jornal Nacional*. Eu sempre falava para a turma: "esse negócio vai explodir no dia em que a Globo botar uma novela com uma protagonista podcaster". A Globo botou no *Fantástico* e segunda estava no *Jornal Nacional*, com William Bonner falando de podcast. De repente, o termo passou a tomar conta. Entrou ao mesmo tempo o Spotify. Acabou o rolo de ficar correndo atrás de feed. E como muita gente começou a fazer, surgiu podcast para todo tipo de nicho. Não era mais aquela coisa dos nerds.

As rádios também aproveitaram.

Elas enxergaram o nicho e começaram a fazer. Você liga uma rádio, hoje, e o termo podcast está em todas. Culturalmente, a gente conseguiu estar presente no discurso diário. O que ainda falta? O podcast, como mídia, ainda não conseguiu mostrar o valor que tem no cenário da propaganda brasileira.

Em que sentido?

Tem uma parte que é analógica e uma parte digital. E tem uma intersecção, o podcast está ali no meio. É igual YouTube? Não. Mede que nem YouTube? Não. Tem canal de podcast? Não. E aí dá um nó na cabeça dos caras [agências], que vêm medir com perguntas de YouTube. Quantos ouvintes você tem? Não sei. Quantos downloads? Tenho uma vaga ideia. Mas o número é ridículo perto do que era o meu número dois ou três anos atrás. E se o número de hoje está correto, eu passei dezesseis anos falando mentira no mercado. Cheguei a ter oitocentos e cinquenta mil downloads por mês. Era um negócio absurdo. Mas o que aconteceu? Além de entrar muita gente, houve uma competição, entrou a pandemia, que comeu o horário que a pessoa usava para ouvir podcast. Tudo isso contribui para o podcast ser meio que uma caixa-preta.

Na sua visão, como resolver isso?

Essa barreira vai ser destruída quando o brasileiro conseguir entender que quantidade não é qualidade, o que os americanos já sacaram há muito tempo. Tem podcast, nos Estados Unidos, com três mil downloads por mês com patrocínio de multinacional. Ela não está interessada em quantos escutam, mas em quem escuta. Isso é uma maturidade que ainda falta no mercado brasileiro. E eu briguei anos e anos para mudar essa imagem de que podcast é uma coisa amadora feita por três gordinhos gritando bobagem em volta do microfone, que não tem compromisso com nada. Sai quando dá, a hora que dá. E aí chegou o tempo em que a Globo apareceu, a gente conseguiu mudar essa imagem, porque ficou claro que tem podcasts profissionais que não são uma aventura.

Qual é a sua opinião sobre a tendência dos mesacasts?

Quando isso [Globo] aconteceu, surgiu o pessoal do YouTube fazendo live no YouTube e chamando de podcast. E aí, quem estava começando a entender o que era não entendeu mais nada. Eu não sei mais o que é podcast. Para eles, podcast são dois caras no YouTube entrevistando um cara durante três horas. E ninguém se atentou que podcast não é o produto, é um sistema de distribuição. Esse detalhe não está muito bem entendido pelo mercado. Agora já tão dizendo que isso é ultrapassado, que o lance do podcast com feed e RSS já era, porque agora o YouTube é o grande canal. Vamos ver, com o tempo, se vai durar.

Como é a participação da sua audiência?
Tenho episódios do *Café Brasil* que são programas de rádio ao vivo. Eu abria o microfone, alguém ligava para a rádio e eu batia papo com a pessoa. Quando vim para o podcast em estúdio, sentia falta da presença do ouvinte. E aí comecei a ler mensagens que eles mandavam. Aquilo passou a ser um quadro do programa, e o tema servia como conteúdo. Aí a tecnologia, de novo, entra na jogada com o WhatsApp. Porque eu boto a voz do ouvinte no programa.

Você tem vários negócios, palestras, livros... O programa é a espinha dorsal? Qual é a importância dele para as outras atividades?
Ele nasceu como um suporte, como uma ferramenta de marketing, para que as pessoas ouvissem meu conteúdo e contratassem minhas palestras. Com o tempo, ganhou tanta força e presença que acabou virando um dos carros-chefes. É um produto com vida própria, com patrocinador, com sistema. Essa ideia de tentar me conectar, propor um relacionamento aos ouvintes, deu a largada para criar o *Café Brasil Premium*, com o sistema de monetização e assinatura. Hoje, grande parte do que faço está apoiada no podcast; é o canal que faz barulho no mercado e que atrai as pessoas.

Como é sua experiência e o seu trabalho com anunciantes?
Sempre tive consciência de que a propaganda não podia ser uma intrusa no programa, tudo que eu não queria era o intervalo comercial. Então, nunca botei com gravação que vem de agência. Se vai entrar no podcast, tem que ser eu falando e eu que vou criar. Entra no programa e, se bobear,

eu brinco com a mensagem do patrocinador. Isso é que dá o molho. Eu preciso integrar, e para isso tem que ter uma pegada diferente, humor. Alguns clientes permitem que a gente vá muito longe.

Por exemplo?

A LOI English, uma escola de inglês dos Estados Unidos. Eles queriam entrar no Brasil e abriram: "faz o que você quiser". Fiz uma festa trazendo personalidades do mundo, como Mahatma Gandhi, falando inglês. De repente, eu entrava: "Você não entendeu nada o que ele falou, né, cara? Tem que fazer aula de inglês, é o LOI English". E uma característica interessante é que todo cliente fica com a gente quatro, cinco, seis, sete, oito anos. Outra coisa que o mercado não entendeu ainda é que podcast é construção de relacionamento. Não é aquela coisa fria de um anúncio comercial. É algo que atinge o ouvinte de um jeito peculiar. Por isso, sempre digo para o cliente assinar com rede social, porque na rede social, os ouvintes entram e comentam.

É o lance do engajamento...

Os caras engajam. Na apresentação para o cliente, pergunto: "Quanto você gasta por ano com propaganda em rádio, jornal e televisão?". "Ah, eu gasto um milhão de dólares", ouço. "Deixa eu ver um e-mail de algum ouvinte ou espectador que escreveu agradecendo por você anunciar na televisão, no rádio, no jornal", peço. "Não tem", me respondem. Ninguém nunca mandou. "E no podcast?", insisto. "Pô, cara, explodiu minha rede com todo mundo comentando", me devolvem A televisão só consegue isso se ela der um prêmio. Com podcast, é espontâneo. A Perfetto, de sorvete, é uma festa com a turma interagindo. Com a DKT tem histórias maravilhosas, como o pessoal mandar foto comprando camisinha.

E como funciona a sua estrutura? Como você se organiza?
Na criação e produção do programa, estou sozinho. O texto é meu, a pesquisa é minha, as músicas eu escolho, tudo faço da minha cabeça. Aí, eu gravo e entra um editor. No *Café Brasil*, é o Lalá, meu editor há doze anos. Ele já sabe tudo, entrego o programa com as músicas e na gravação já boto a instrução. Antes da pandemia, a gente fazia ao vivo, agora mando para ele. E a Ciça, minha produtora, pega o programa pronto, entra no site - onde eu já salvei todo o texto que estava lendo -, corrige o texto e joga os cacos que eu fiz na gravação. Os dois são independentes. Em 2015, 2016, montei um estúdio para podcast e videocast.

Como você vê o futuro do podcast?
Um mix. É um programa, mas também tem a versão em vídeo, é distribuído em texto, tem um grupo no Telegram. O futuro do podcast são comunidades. O *Café Brasil* nasce com vinte e cinco minutos, depois ganha flexibilidade quando vira um podcast que vai para o rádio. Tenho uma versão de vinte e cinco minutos que vai para o rádio, mas ele pode sair com trinta, trinta e cinco, quarenta. Aí aparece o *Lidercast* com uma hora e meia, duas horas de duração, que é um *spin off*. E aí nasce o *Cafezinho*, como uma pílula. E no *Cafezinho* estou fazendo experiências. Como é curtinho, comecei a distribuir por WhatsApp, pelo Telegram. Distribuo via YouTube, Facebook, Twitter, Instagram, WhatsApp, agregadores de podcast e em texto escrito no portal Café Brasil. É uma coisa assim, multicanal. São testes para entregar ao ouvinte do jeito que ele consome.

O que pode mudar no meio do caminho?
A tecnologia vai mudar. Então, amanhã alguém vai inventar... Como outro dia aí surgiu o Clubhouse. Isso é a antítese do

podcast. O podcast é um programa que você acessa quando quer, do jeito que quiser. O Clubhouse é um monte de gente conversando, se você não ouvir na hora, não tem mais. É o oposto do podcast, como é que essa coisa vai tomar o lugar do podcast? Não deu outra, sumiu. Falo isso porque a tecnologia vai arrumar jeitos diferentes de ouvir. E vai ficar muito claro que a podosfera é composta de nichos. Tem o nicho do Spotify e seus concorrentes, o nicho das rádios, o nicho do podcast independente amador e o do independente profissional. Todo mundo convivendo.

E como fica a questão do feed nesse debate?
Os puristas vão dizer o seguinte: podcast tem que ter feed e RSS. Por quê? Porque é a minha independência. Com o feed na mão, distribuo o programa para onde eu quiser. Um vídeo no YouTube é distribuído para onde ele quiser. Dá para ver a diferença? Então, se perder esse lance da independência, vai ser um choque tremendo. O legal é ele ser livre nas duas pontas. Sou livre para produzir e você, para ouvir. Se cortar uma delas, perde o sentido. Preservar as duas pontas é o grande desafio.

Para você, o mercado está em evolução?
É a dor do crescimento dessa mídia. É a mídia que se diz ser do futuro há dezesseis anos e o futuro dela nunca chega. Acho que está faltando esse amadurecimento, que os americanos já tiveram, e aí, talvez, a gente possa ter a valorização que ainda não tem aqui. Basta sentar na frente do diretor de marketing de uma empresa grande e tentar que esse cara entenda, ele não vai. E, quando entende, quer fazer o dele.

Investir em quem já tem audiência e comunidade é melhor do que começar do zero?
O cara que começa do zero provavelmente vai buscar uma agência de publicidade. A agência vai cobrar um caminhão

de dinheiro para produzir um negócio que qualquer um produz a preço de banana. Então, pega alguém que já conversa com a audiência e usa esses caras, como se fazia antigamente com comercial de televisão. Eu não contrato o Pelé porque ele é bonito, mas porque ele me dá aval no produto de que está falando. E os podcasters são isso. Se tem um monte de gente me ouvindo, é porque esse pessoal dá atenção para mim e eu sou o canal para essa marca.

Caio Corraini
Maremoto

Durante o curso de jornalismo, Caio Corraini se apaixonou pelo radiojornalismo ao mesmo tempo que descobriu o mundo de podcasts e começou a fazer tratamento com fonoaudiólogo para perder seu sotaque e potencializar sua comunicação. Dessa conjunção de fatores ao início de sua carreira nas redações, o profissional sempre puxou o áudio digital entre as suas principais entregas. Depois de comandar o *Games on the Rocks*, no Portal iG, foi convidado para editar shows já consagrados na podosfera brasileira, como *Mamilos*, *Braincast* e *Tecnocast*, até criar a sua própria produtora, a Maremoto.

Você se lembra da primeira vez que ouviu falar de podcast? Como foi seu primeiro contato com o formato?
Eu fiz faculdade de jornalismo na Metodista, em São Bernardo do Campo. Para ir de casa até a faculdade, gastava duas horas de ônibus. Na volta, a mesma coisa. O meu plano era ler durante esse tempo. No primeiro dia de aula, descobri que tinha enjoo quando tentava ler coisas em movimento. Nessa época, comprei um MP3 player e ele tinha rádio AM e FM. Comecei a ouvir bastante CBN, só que naquela dinâmica de rádio, o conteúdo repetia toda hora. E eu achava um saco. Nesse meio-tempo, aconteceu outra coisa. Eu gostava muito de videogame, tanto que trabalhei como

jornalista de entretenimento eletrônico por grande parte da minha carreira, e encontrei uma aba de podcasts em um dos sites que eu sempre acessava, o *MTV Games*. Pensei: "É praticamente um programa de rádio sobre videogames, juntando duas coisas que eu gosto. Não pode existir coisa mais maravilhosa no planeta Terra".

Quando você percebeu que essa paixão poderia virar profissão?

Essa descoberta do podcast aconteceu mais ou menos em 2007, justamente ao mesmo tempo que, na faculdade, eu estava me apaixonando pelo radiojornalismo, por locução, link ao vivo. Nessa época, eu até falei para a minha professora que queria trabalhar com rádio. Ela me alertou sobre a questão do sotaque. Eu vim do interior e falava "porrrta", "porrrteira" e "Craudio". Então, ao mesmo tempo, eu estava aprendendo o radiojornalismo, a linguagem de uma boa apresentação, começando a ouvir podcast e fazendo fono para melhorar a minha comunicação. Foi então que decidi que gostaria de trabalhar com áudio para o resto da minha vida. Depois disso, eu ainda trabalhei em jornal escrito e revista, mas, sempre que tinha oportunidade, tentava convencer o pessoal nas editorias: "Vamos fazer um podcast?".

Qual foi o primeiro podcast de que você participou?

Naquela época, ainda existia uma coisa maravilhosa chamada blog. E um dos maiores blogs brasileiros de videogames era o *Continue*. Eu sempre comentava por lá e as pessoas gostavam do que eu escrevia nos comentários, até que me chamaram para escrever. E aí, a partir do momento em que eu comecei a me apaixonar por podcast, eu falei para o Fabio, que era o dono do blog, que precisávamos ter um podcast do *Continue*. Assim, criamos o *Continue Play*, que teve várias edições e durou uns três ou quatro meses, até que eu fui contratado pelo portal iG. Lá, eu tive o saudoso *Games on the Rocks*, que, em sua época, foi o maior podcast de videogame do Brasil.

E quando começou a surgir a Maremoto?

Eu trabalho com podcast desde 2008. Quando cheguei ao iG, todo jornalista tinha que ter um especial por semana. Perguntei: "Gente, eu posso fazer do meu especial o nosso podcast?". Então, eu editei o podcast para o iG por muito tempo. Quando saí de lá, tive a primeira oportunidade de editar outros podcasts. Em 2015, pelo fato de ter editado o *Games on the Rocks* com sucesso e as pessoas me conhecerem como profissional, tive a oportunidade de começar a editar o *Tecnocast*, o *Braincast* e o *Mamilos*. Eu peguei o *Mamilos* no episódio número dois.

Então, por muito tempo, eu vivi de edição, mas como CEO de MEI. Eu trabalhava para o *B9*, para o Leo, da Rádiofobia, e fui atendendo clientes diversos. Até que, no final de 2018, eu comecei a chegar naquele momento em que tinha duas alternativas, porque as minhas horas acabaram. Ou eu aumentava o meu tíquete médio e começava a cobrar mais pelas minhas horas, ou trazia pessoas para trabalhar junto comigo com o tíquete atual, um valor que era competitivo para as empresas que estavam se aproximando. Então, eu fui no segundo, e em 2019, estabeleci a Maremoto. Foi justamente quando conheci você, Tigre, que também me deu um monte de oportunidades e me trouxe muitas coisas legais. Então, a Maremoto é meio que o resultado de todos esses anos. Finalizei o primeiro ano com três pessoas na equipe e, ao final de 2020, já estava com dezenove. Hoje, a empresa tem vinte e cinco pessoas, mas já com a necessidade de trazer mais gente.

Como você sente a evolução do mercado e a atração de clientes para o podcast como mídia?

Na época em que fazíamos o *Games on the Rocks*, teve programa nosso que bateu cem mil downloads. Para 2012, era um negócio inacreditável. O problema é que, naquela época, era muito difícil bater em uma agência de publicidade para falar sobre podcast e as pessoas quererem te ouvir ou entenderem do que você estava falando. Então, por muito tempo, o podcast foi aquele negócio banda de garagem, músico indie e tudo mais. Só que esse é um movimento em que, a partir do momento em que empresas como o Jovem Nerd começaram a crescer, gradativamente, outras empresas também de comunicação começaram a olhar para aquilo. A chave realmente começou a virar quando o Spotify chegou e falou "a gente vai abraçar isso aqui e estampar a Ju e a Cris no metrô de São Paulo. Vamos empurrar mídia para, talvez, trazer um consumo maior de massa, tirar o podcast dessa caixinha de banda indie e começar a apresentar para um público maior". E essa chave termina de girar, na minha opinião, quando a Globo entra. A partir do momento em que você tem William Bonner falando no *Jornal Nacional* sobre podcasts ou um personagem da novela, a coisa deixa de ser brincadeira e fica séria.

Qual é a importância das produtoras especializadas para a evolução desse ecossistema de podcasts?

A nossa presença é importante em vários aspectos, sobretudo porque tem pessoas e empresas que falam: "Eu quero ter o meu podcast porque acredito que temos conteúdo relevante e rico para passar para nossa base instalada, seja de clientes ou de *prospects*, pessoas que a gente quer atingir para trazer e fazer influência. Mas como é que a gente faz isso?". Hoje, o cliente chega até a Maremoto em dois casos.

Tem aquele que não sabe de nada e recebe uma demanda *top down*, provavelmente porque o VP curte muito podcast ou o chefe falou que era necessário fazer, e aí chega o pessoal de comunicação da empresa desesperado, sabendo zero sobre o assunto. E tem o cliente que já entende, consome, mas que precisa de ajuda para lapidar a maneira como vai se expor, entrar e como vai se apresentar ao público. Tem muitas empresas legais nesse mercado, como Rádiofobia, Estalo, B9, Bicho de Goiaba, Ampère. O mais legal de tudo é que estamos conseguindo crescer de uma maneira paralela a esse movimento. Não tem ninguém passando rasteira no outro. E ainda estamos no oceano azul do mercado, com todo mundo saindo com o barquinho, mar livre, vento na direção favorável, vamos que vamos.

Qual é o balanço que você faz sobre a maturidade do mercado de podcasts neste momento?

Percebo agora, principalmente com os estudos que estão sendo feitos, que estamos chegando em uma maturidade dessa corrida pelo tesouro, pela audiência e tudo mais. É realmente o momento de dizer "meu conteúdo é bom, só que eu não estou conseguindo achar quem escute, encontrar o meu ouvinte, chegar nele e falar que eu existo". Essa é a brincadeira agora. Por isso a importância de empresas como a Cisneros Interactive, justamente para oferecer essa questão de fazer publicidade. Vamos mostrar para mais pessoas a nossa mensagem e conseguir, pelo menos em uma porcentagem, fazer alguns pares de ouvidos virarem em nossa direção. Sinto que estamos sendo requisitados de um jeito inédito e acho que isso tende a aumentar, essa necessidade de empresas pedindo ajuda, consultoria ou qualquer tipo de serviço para edição, publicação, gravação e desenvolvimento de um podcast.

Como você enxerga a profusão de formatos de podcasts que surgiram nos últimos anos?
Acredito que ainda estamos muito conservadores com relação a formatos. No início, podcast, no Brasil, virou sinônimo de *Nerdcast*. Eram quatro pessoas conversando sobre cultura pop, fazendo piadas internas, amigos de infância, terminando numa risada, efeito sonoro, esse tipo de coisa. Isso era podcast. Por muito tempo, era uma coisa em que você só podia falar de cultura pop, em um tom bem-humorado de conversa de bar. Depois de um tempo, as pessoas começaram a perceber que podiam fazer outras coisas. E aí surgem programas como o *Mamilos* ou o *Anticast*, que não são engraçados. Ainda eram programas de conversa, de debate, de discussão sobre assuntos, mas não eram engraçados. Atualmente, vemos o crescimento desse formato, popularizado principalmente por caras como Joe Rogan ou Howard Stern.

E por que esse formato deu tão certo aqui no Brasil?
Porque a gente tem uma utilização genial do YouTube e seus algoritmos. O que faz programas como o *Flow* e o *Podpah* alavancarem são os canais de corte. Porque, em um papo de duas horas com qualquer pessoa, em algum momento vai surgir algo engraçado ou polêmico. Aquele corte de três minutos viraliza que é uma delícia. Tanto que esses canais de cortes começaram sendo feitos por fãs, porque o pessoal do YouTube não tem saco pra ficar olhando para um vídeo durante duas horas. Quando os canais de corte começaram a ficar mais populares do que os episódios, os produtores de conteúdo começaram a ser os donos dos canais de cortes. E isso, para mim, é genial. Pegar um conteúdo que você já desenvolveu, recortar e mudar sua forma para que outras pessoas, que provavelmente não seriam

impactadas pelo seu episódio original, sejam impactadas. Eu sinto que esse é um tipo de programa que vai ficar em voga por bastante tempo.

E o que você acha sobre o potencial das narrativas de true crime em podcast?

Nos Estados Unidos, há muitas empresas, como a Wondery, que estão conseguindo desenvolver um conteúdo incrível utilizando podcast. Eu tive, há pouco, uma conversa com o Ivan Mizanzuk (*Projeto Humanos*), que me disse uma coisa interessante: o podcast está virando um novo livro, porque agora a galera está testando o formato, o roteiro e as histórias que depois serão adaptadas para a TV, para o cinema e outras mídias mais caras e *premium*. E há, ainda, um mercado ativo de venda de direitos autorais de livro, adaptação. Tem uma galera que escreve roteiros de podcasts já pensando nessas coisas. Eu sinto que o true crime e o *storytelling*, de forma geral, ainda não pegaram mais no Brasil porque são caros e difíceis de fazer. E a entrevista em vídeo, você cospe como se fosse pipoca. Tem podcast que grava três episódios por dia. Mas uma coisa como o *Projeto Humanos* ou *Praia dos Ossos* não se faz sem tempo e dinheiro.

O que você pode nos contar sobre as suas iniciativas para fomentar o mercado?

A coisa que eu mais gosto de fazer é criar conteúdo, trabalhar com comunicação e ser evangelizador da mídia, porque podcast literalmente me deu tudo o que eu tenho. Eu acho que a gente só faz o mercado crescer ajudando a base da pirâmide. Então, o meu objetivo, agora, é desenvolver conteúdo com dicas, feedback, com ideias de estilos, de formato, tudo isso voltado para as pessoas, para a banda indie, o produtor de garagem. Para que, daqui a um tempo, a gente tenha mais pessoas brilhantes dentro do nosso mercado. Então, eu lancei o primeiro episódio do *Estaleiro*, que é um programa em que eu respondo perguntas do tipo "quanto eu cobro pela minha edição?". A gente tem também o *Maregrama*, que vai ser um programa de entrevistas. O objetivo é uma discussão mais focada no desenvolvimento do mercado. E tem também o *Coração da Quilha*, que é outro programa, focado em discutir o funcionamento da Maremoto, apresentar os nossos processos, falar de como a gente trabalha.

Tem mais alguma observação que você gostaria de fazer para fechar a nossa conversa?
Aquele mundo de ligar o microfone, apertar o REC e pedir para o primo editar não existe mais. Claro, você ainda pode desenvolver conteúdo dessa maneira, só que a Coca-Cola não vai desenvolver nada em um podcast assim. Então, acho que o meu papel hoje na empresa, além da gerência, é muito o de evangelizador, de conversar e fomentar o podcast. Com o fim da pandemia, pretendemos fazer aulas e encontros para oferecer estrutura, equipamento, esse tipo de coisa. Vamos atrás de novos talentos, colocar um microfone na frente deles e ensinar como fazer um conteúdo de qualidade. Com isso, a gente alimenta a base da pirâmide para que ela continue subindo.

Guga Mafra
Gugacast

Com alma de criativo e habilidades avançadas de executivo e empreendedor, Guga Mafra é, sobretudo, um camaleão do mercado digital. Cofundador de empresas como a boo-box/ftpi, uma das mais tradicionais empresas de representação de mídia do Brasil, e a Amazing Pixel, network de produção e comercialização de vídeos no YouTube, o profissional também passou por diversas camadas do ecossistema de podcasts. Antes de criar o *Gugacast*, hoje um dos maiores shows do país, ajudou a apresentar e comercializar programas como *Tecnocast*, *Matando Robôs Gigantes* e *Braincast*. Não à toa, ele tem muito trânsito e uma visão multidisciplinar sobre o formato no país.

Como foi o seu primeiro contato com o formato de podcast?

Quando eu estava na faculdade, nos anos 1990, produzi alguns audiodocumentários na aula de radiojornalismo. Fiz um sobre a Era de Ouro do Rádio muito parecido com o que hoje é um podcast. Foi *on demand*. A palavra podcast não existia. Esse arquivo circulou entre o pessoal da faculdade, os professores e a turma. Também nessa aula, a gente estudou uma edição em português muito legal de *A Guerra dos Mundos*, de Orson Welles, que um pessoal de uma faculdade de Pernambuco fez. Essa ideia de ter um conteúdo em áudio num arquivo sempre foi legal para mim. Quando comprei o meu primeiro iPod, vi que tinha a opção podcast, procurei saber o que era e assinei alguns. Procurava um para ouvir no trânsito. Trabalhava perto do aeroporto de Congonhas e estudava no Brás, na zona leste. Não achava nada que engatasse até conhecer o *Nerdcast*.

Como foi essa descoberta?
Estava vendo televisão e eles ganharam um prêmio da MTV de melhor blog. Quando estavam recebendo o prêmio, eles falaram: "olha, amanhã tem *Nerdcast*". Fui procurar. Aí eu comecei a trabalhar junto com eles e ouvir outros podcasts. Achei uma pequena cena de podcast que estava rolando ali na época, com o *Cinema com Rapadura*, o *Braincast*, o *Rádiofobia*. Eu escuto podcast desde o meu primeiro iPod, mas em inglês. Era tudo muito técnico, quase um diário, muito pessoal. Não era tão bem feito para o entretenimento como o formato que a gente conhece hoje.

Você trabalhou muito no mercado. O que pode falar sobre os desafios do início, da comercialização de podcasts?
Tive a sorte de ter comigo o *Nerdcast*. O *Jovem Nerd* já era um fenômeno de audiência no começo dos anos 2010, mesmo antes de podcast ser algo muito conhecido. Lembro do nosso mídia kit: sessenta mil ouvintes por episódio. Hoje tem mais de um milhão, mas na época, essa era uma audiência muito considerável, que valia muito a pena. Quando você tem sessenta mil ouvintes, tem anunciantes no meio deles. Foi um ciclo virtuoso que o *Nerdcast* começou sozinho.

Quando você começou com eles, era um ouvinte?
Sim. Eu os procurei, falei que tinha uma empresa que cuidava da comercialização de mídias de vários veículos e eu queria a oportunidade de trabalhar com eles porque achava que a gente

podia fazer muitas coisas juntos, como de fato fez. Eles tinham um blog e nessa época era muito comum anunciar em blog. O nosso carro-chefe principal não era o *Nerdcast*, era o blog como um todo. Eu, como ouvinte, sabia o quanto o *Nerdcast* funcionava como mídia, e como a gente tinha outros ouvintes que também eram anunciantes, eles também sabiam disso. Então, começamos um ciclo virtuoso que começou com os anunciantes pequenos. Eventualmente, tinha alguém que era ouvinte e trabalhava numa empresa grande, e aquilo abria uma porta.

Como era a abertura nesse momento?

Quando a gente ia numa agência que tinha interesse em anunciar no blog *Jovem Nerd*, a gente falava do *Nerdcast*: "Ah, mas como a gente vai ver esse anúncio?", "Vai escutar, igual no rádio", "Ah, não, a gente prefere fazer no YouTube". O canal estava começando, dava menos resultado, mas anunciantes preferiam porque podiam enxergar a publicidade. Eventualmente, a gente conseguia, num projeto grande, colocar o *Nerdcast*, e o anunciante percebia o resultado e continuava. Foi crescendo sozinho. E quando começou esse boom de podcasts no Brasil, em 2018, o *Nerdcast* já tinha todos os horários ocupados, todas as inserções ocupadas.

Como foi a origem do *Gugacast*?

Antes de participar da fundação da boo-box e antes de ser um executivo de publicidade, eu trabalhava em agência na área de criação. Eu era o típico criativo de agência, o cara que usa roupa estranha, que vê filme que ninguém assiste, que tem livro que ninguém lê, que ouvia podcast e ninguém sabia o que era aquilo. Eu era esse cara, sempre trabalhei com criação, com ideias, com contar histórias. Sempre foi o meu forte. Acho que esse foi o diferencial que consegui trazer para minha atuação como executivo.

Em que sentido?

O que a gente fazia na boo-box era vender uma mídia inovadora, que ninguém estava acostumado a fazer. E para vender isso numa época em que todo mundo só queria comprar banner, tinha que falar de forma que prestassem atenção no que você estava dizendo. Quando eu chegava com o projeto para o cliente, esse projeto tinha uma parte criativa muito forte. Quando a gente começou a trabalhar com o *Braincast*, o *Tecnocast*, o *Rádiofobia* e se reunia para ter ideias, as pessoas que faziam esses podcasts percebiam que eu tinha capacidade criativa e me convidavam para participar dos programas. Comecei a participar frequentemente do *Braincast*. Quando a empresa começou a crescer muito, eu era CEO e comecei a me afastar dos projetos, da parte criativa, do trabalho, e cuidar só da parte burocrática, o que era terrível para mim. Eu odiava fazer isso, e participar do *Braincast* era a minha válvula de escape criativa na semana. Eu dava muita importância para isso, caprichava na minha participação, chegava com coisas muito preparadas. Com o crescimento da empresa, a gente abriu uma sucursal nos Estados Unidos e eu me mudei para lá para cuidar disso. Cheguei a participar algumas vezes remotamente, mas não era tão legal e acabei não participando mais. E eu precisava liberar isso em algum lugar.

Então, começou após a mudança?

Sim. Tive a ideia de pegar todas as ideias que nunca usei no *Braincast*, fazer um programa, postar para os amigos e tirar do meu sistema. Não tinha nenhuma pretensão de fazer nada maior que isso. Tanto que eu não pensei muito no nome, coloquei *Gugacast*. Chamei meu irmão para gravar, fizemos uns episódios e foi isso. Quando começou a ficar pesado, decidi acabar com o programa. Avisei que ia acabar e comecei a receber muitos protestos. Aí, vi que a gente tinha dez mil ouvintes por episódio. Achei que eram mil na melhor das hipóteses. Fiz um crowdfunding para poder pagar alguém para me ajudar e falei que quando a gente batesse a meta, voltaria com o programa. Pensei que seria em meses, foi em horas. Decidi dar uma chance.

Como foi a evolução da monetização do *Gugacast*?

Justamente por ter trabalhado com publicidade por tanto tempo, para mim, é muito claro que não existe publicidade suficiente para financiar todos os podcasts, todos os canais do YouTube ou todos os blogs. Vivemos num mundo com canais do YouTube muito bons, com audiências muito boas e significativas, nos quais, se alguém anunciasse, daria retorno, e mesmo assim eles não vão ter anunciante porque não tem dinheiro para todo mundo. A produção é muito maior. Duas coisas acontecem nesse sentido: a primeira é que não existe verba publicitária suficiente para cobrir todo o mercado, e a segunda é que, como o mercado é muito grande e a oferta é muito grande, isso desvaloriza o preço. Então, sempre fui um defensor de que todo *creator* precisa ter maneiras de se monetizar que não sejam dependentes da publicidade. A primeira coisa que eu quis fazer com o *Gugacast* foi testar se uma parte desse público estava disposta a pagar para o programa continuar existindo. É muito mais fácil eu conseguir dez, quinze reais de cada ouvinte, do que eu conseguir dez mil, vinte mil reais de uma marca que nunca me ouviu.

E aí veio o Grupo Secreto?

Veio o Grupo Secreto. Já existia o Patreon, essas coisas, mas eu nunca fiquei confortável com a ideia de pedir doações. Decidi vender meu conteúdo. Quem assina o Grupo Secreto tem um mini *Gugacast* todo dia. Tem o podcast gratuitamente toda semana, mas, se gosta muito, a gente entrega um episódio todo dia.

Desses subprodutos também surgiu o audiolivro *Como ser um rock star.*

Foi um desdobramento, de certa maneira. Eu tinha a ideia de escrever há muito tempo e ele surgiu um pouco das conversas que eu tinha com o Eric, meu filho, desde que ele era pequeno. Ele sempre gostou muito de ouvir essas histórias da minha adolescência. Mas eu era um executivo, e sentar para escrever um livro é algo que toma muito tempo. Depois de o *Gugacast* ter algumas temporadas, tive a ideia de, em vez de escrever, trazer o Eric, que é o meu principal interlocutor dessas histórias e que tem reações muito inusitadas, e fazer isso em um *audiobook*, mas, em vez de narrar a história, contar como uma conversa. Por isso, chamei de *podbook*. Ele é um *audiobook*, mas tem esse fio, essa característica do podcast.

E aí vocês gravaram juntos?

Sentei para gravar com ele. O que hoje é o primeiro capítulo, que tem uma hora de duração, eu contei em seis minutos para ele. Quando você está contando a história oralmente desse jeito, você acelera. Apesar de essa ter sido a inspiração para o formato, tive que sentar e escrever o livro do mesmo jeito. Levei um mês escrevendo e depois gravei usando o livro como roteiro, para que eu contasse a história me apoiando ali e não me enrolasse.

Como foi, para você, apresentar esse projeto?

Quando eu contava, ninguém entendia: vou lançar um livro, mas é um *audiobook* que na verdade é um podbook. Todo mundo ficava perdido. E eu não posso culpar ninguém, né? Mas três pessoas entenderam, o Azaghal, do *Nerdcast*, e a Mariana e o André, da Storytel, plataforma de audiolivros que estava iniciando suas atividades no Brasil. Eles são suecos e me procuraram para levar o *Gugacast*. Quando contei do podbook, entenderam na hora. Isso foi o empurrão que faltava para fazer o projeto andar.

E foi um sucesso.

Foi. Ficou um ano em primeiro lugar na plataforma, só saiu quando entrou o *Harry Potter*, e mesmo assim ainda está entre os primeiros. E foi um dos maiores sucessos mundiais da plataforma, mesmo contando todos os livros em todas as línguas.

E agora ele sai do digital e vira papel?

A ideia era [o podbook] ter sido lançado junto com o livro, mas lançar um livro também não é fácil. Era o meu primeiro, eu fazia questão de algumas coisas e acabou não sendo possível, adiei um pouquinho. Aí veio a pandemia, a gente adiou um monte. E finalmente está saindo. Mas a ideia sempre foi fazer em conjunto, porque o livro alcança muito mais pessoas, por mais que a experiência do *audiobook* seja muito legal. A gente que trabalha com podcast sabe que ainda existe uma certa resistência, principalmente a ideia de ouvir dez horas de áudio. O livro também vai durar dez horas, mas as pessoas estão mais acostumadas. A ideia é alcançar mais pessoas, chegar em mais lugares, porque a história é muito legal. Meu pai é um colecionador de livros, tem mais de dois mil livros em casa, e em todos que ele lê, coloca uma resenha para lembrar e sempre coloca uma frase minha: se a história é boa, o livro é bom. Eu já li muito livro que não é muito bem escrito, mas a história é muito boa. Eu não sei se *Rockstar* é bem escrito, mas a história é muito boa. Acho que é uma maneira de alcançar mais pessoas e, eventualmente, trazer mais pessoas para ouvir o podbook; ou não, uma coisa não é continuação da outra.

Quais são as oportunidades e desafios para quem quer trabalhar com podcast no Brasil? E qual é a sua visão de futuro para esse mercado?

Acho que ainda está começando. A internet causa nas pessoas a ideia de que toda vez que nasce uma coisa, outra vai morrer. E essa sensação existe demais no mercado em relação ao podcast. Então, acho que essa é parte da resistência inconsciente das pessoas ao podcast. Mas ele vai coexistir. Essa é a primeira lição. Quanto mais formatos surgem na comunicação em geral, mais ele vai ter características de outros formatos e pisar em outros territórios. O podcast é um pouquinho rádio, um pouquinho blog, um pouquinho YouTube. Isso vale para as mídias sociais também.

Ainda há muita lenha para queimar.

Exatamente. Embora o podcast seja algo muito ouvido, já tenha um mercado publicitário que passou do bilhão, ainda tem muita coisa para explorar. Ele ainda é visto como algo secundário por não ter vídeo num ambiente multimídia. A gente tem som, tem texto, tem um monte de sensações ali, mas não tem a visual. Isso sempre vai ser uma barreira, porque o ser humano é muito visual. Mas a gente vai ter novos formatos e novas maneiras de usar o podcast, de contar histórias em áudio, que vão provar que isso é normal.

Você diz isso no sentido de que uma das principais características do formato é ser ouvido enquanto a pessoa faz outras tarefas?

Isso ainda é muito valioso para o podcast, e eu acho que só tende a crescer. Estamos só no começo dos assistentes sonoros, e eles são uma mudança muito grande no paradigma de interação entre homem e máquina, porque não envolvem suporte visual, não envolvem pegar o mouse e apontar para alguma coisa. O podcast, que é uma forma de contar histórias em áudio, vem de carona com isso, porque é parte disso, não exige contato visual. A gente vai ter um futuro em que isso será uma parte muito grande, e novas formas de contar histórias em áudio, diferentes das que a gente conhece hoje, diferentes do podcast de bate-papo ou do podcast que é um audiodocumentário, vão existir também.

Abre também a possibilidade de interação, e não ficar só passivamente escutando.
Exato, e já é assim um pouco. Tudo vai gerar novas formas de interação, que significam novas formas de contar histórias, de prover conteúdo, entretenimento e informação. E uma coisa que eu sempre defendi ao longo desses anos vendendo espaço publicitário foi que a publicidade precisa oferecer a mesma experiência, tão rica quanto o conteúdo em que ela está inserida.

Leo Lopes
Rádiofobia

Antes de realizar seu grande sonho de trabalhar com áudio, Leo Lopes foi para o outro lado do mundo e voltou. Ao seguir a carreira sacerdotal, aos dezoito anos morou em países como Japão, Sri Lanka e Bolívia, onde aprendeu japonês e aprimorou o inglês e o espanhol. Mas é em português que ele se comunica pelo *Rádiofobia* há treze anos. Mais que um longevo podcaster de referência, ele usou todas as suas habilidades técnicas e de comunicador para editar outros podcasts, até criar sua própria produtora. Também ajudou muita gente a evoluir no mercado, de forma direta ou indireta, por meio de diversas iniciativas. Entre elas, o show *Alô Ténica!*, um podcast com dicas preciosas sobre produção no formato.

Você sempre quis trabalhar com rádio?
Sou apaixonado por áudio, comunicação e rádio, principalmente, desde moleque. Minha brincadeira preferida sempre foi gravar, brincar de Jô Soares, Chico Anísio, *Djalma Jorge Show*, fazer aquela coisa de emular o rádio e fazer imitação. Mas segui carreira sacerdotal com dezoito anos, fiquei doze anos na Igreja Messiânica como sacerdote. Morei quase três anos no Japão, no Sri Lanka e na Bolívia. Já falava inglês, aprendi um pouco de espanhol e me formei em japonês. E aí fui buscar a minha vontade de ser radialista.

Quando foi a primeira vez que ouviu falar de podcast? Como foi seu primeiro contato?
Sempre fui extremamente comunicativo e extrovertido. Trabalhei com legenda para TV a cabo, fiz tradução de documento, até que eu caí numa missão do governo japonês em São Paulo, como chefe dos tradutores. A missão acabou, eu já era radialista com DRT, já tinha feito estágio em uma rádio web e fui contratado pela Toyota como relações públicas para cuidar da comunidade japonesa. Mas a minha vontade era trabalhar com a voz, e eu tinha essa frustração guardada. Comecei a pesquisar a história de pessoas que entraram tardiamente na locução e na dublagem, e foi quando me deparei com a história do Guilherme Briggs. Uma entrevista dele no *Nerdcast* foi o primeiro podcast que escutei na minha vida, em 2008.

Como surgiu o *Rádiofobia*?
Eu tinha um programa baseado em um trabalho que fiz na escola de rádio, que era um programa de humor com entrevistas. Batizamos de *Rádiofobia*. E aí eu disse: "Alguém vai usar esse nome? Eu quero esse nome". Os caras concordaram, e eu guardei o nome. Fiz um piloto, bati de porta em porta em um monte de rádio, muita gente me ajudou a conhecer as emissoras. Não rolou. Guardei. Quando ouvi o *Nerdcast* com o Briggs, falei "eu consigo fazer isso". Fiquei maratonando aquilo no rádio, indo e voltando do trabalho, durante meses. Eu tinha uma mesinha, um microfonezinho bem rudimentar em casa com o qual eu gravava um ou outro frila de locutor para alguns clientes. Chamei um amigo de infância, que é o meu melhor amigo, o Cleber. O primeiro *Rádiofobia* foi ao ar em março de 2009, de forma despretensiosa, sem nenhum objetivo de lucro, de nada. Eu só queria falar com o meu amigo sobre coisas bacanas e,

eventualmente, convidar alguém para bater um papo, fazer uma entrevista. Não vou dizer de forma totalmente amadora, porque sempre prezei pela qualidade do áudio, desde o primeiro. Estamos com trezentos e dez episódios no ar, no nosso décimo terceiro ano e sem previsão de parar.

Você sempre teve preocupação técnica, né? E formou muitas pessoas que trabalham com podcast hoje em dia...
Isso foi um processo posterior. O pulo do gato foi no episódio dezoito do *Rádiofobia*, em 2009. Foi o primeiro que eu gravei exatamente como se eu estivesse ao vivo numa emissora de rádio. Antes, eu seguia como tinha visto no *Nerdcast*. Se é assim que os caras fazem. Só que eu trabalhava em São Paulo, na Berrini, morava em São Bernardo, era casado, tinha dois filhos, eu saía de casa de manhã, meus filhos ainda estavam dormindo, quando eu voltava à noite eles já estavam dormindo. E aí eu mal tinha tempo de viver, quanto mais de produzir um programa que não tinha fim lucrativo até o momento. Se eu estivesse no rádio, não estaria fazendo ao vivo? O que foi para o ar foi para o ar? Então, vou testar. E aí, nesse *Rádiofobia* dezoito, eu testei pela primeira vez colocando trilha e vinheta ao vivo, como se estivesse operando mesa de som numa emissora ao vivo; porque acabou a gravação, tirando uma ou outra coisinha para mexer, o programa tá pronto. Aí eu pude brincar com a questão da "Ténica", persona que eu criei para poder me ajudar. E é a coisa do ao vivo, em que o erro também faz parte do processo.

O que aconteceu depois disso?
Isso gerou o primeiro convite para eu participar de uma mesa de podcasts na Campus Party, em 2011. Fui falar sobre a minha experiência do ao vivo no podcast. Aí veio a participação em outros eventos, surgiu a demanda para começar,

em 2013, o primeiro workshop de produção de podcasts do Brasil, e aí veio o convite para publicar o livro, que acabou também se tornando o primeiro livro em português sobre produção de podcasts.

Foi nessa época que você entrou no *Jovem Nerd*?
Em uma Campus Party, a gente fez o que chamamos de Maratona Podcastal, um negócio de gravar dez, doze horas ao vivo. E o Jovem Nerd perguntou se podia gravar o *Nerdcast* na nossa bancada. Meses depois, viria deles o convite para que a minha empresa assumisse a edição do *Nerdcast*. Foi minha profissionalização como produtor. E foi outro ponto de virada, porque na época, eu trabalhava como funcionário no mundo corporativo e saí para assumir a minha empresa e empreender.

Qual é a sua análise da evolução do mercado de podcast do ponto de vista de alcance, popularidade e profissionalização, nos últimos anos, no Brasil?
A necessidade de profissionalizar é que criou a demanda. Entrei no final da terceira onda, que já tinha *Papo de Gordo*, *Rede Geek*, então não sou exatamente pioneiro, mas também não chego a ser novato. Naquela época, se fazia podcast de forma assumidamente amadora e despretensiosa. E eu sempre fui muito mais do microfone do que da câmera, tanto que, anos depois, acabei tatuando o microfone e o fone de ouvido no meu braço junto com uma fita cassete para ilustrar meu passado, meu presente e, pelo que tudo indica, o que vai ser o futuro também. Então, a gente fazia do jeito que dava, era muito por tentativa e erro. Começaram a surgir outras plataformas para "streamar" ao vivo e serviços de hospedagem profissional de podcast, que hoje tem uma infinidade, como o próprio OmnyStudio, que é o que a gente usa em parceria com a Cisneros Interactive. Hoje, a vida que eu tenho como

produtor, nesse aspecto, demanda um décimo do tempo que demandava antes. É praticamente o tempo de gravar. Porque aí, depois você finaliza rapidamente o programa. Hoje eu tenho quem me ajude fazer a vitrine e tal. Temos ferramentas que não tínhamos, em todos os aspectos.

O que mais mudou?

Até um passado muito recente, a maioria das pessoas não tinha ideia do que era podcast. Ainda hoje, muitas agências não sabem o que é. Na pandemia, agências que sempre trabalharam em mídia impressa, e mesmo em mídia digital, e que não olhavam para o podcast, vieram com uma demanda *top down* de um cliente que tem, sei lá, cem mil dólares de mídia na mão. O cara não pode mais fazer as outras coisas que fazia, e fala: "Nesse pacote aqui eu quero o podcast". Aí a agência: "Vamos ter que fazer podcast". Aí procura a gente, procura os meus concorrentes. E fica uma demanda, isso é o mundo ideal para uma produtora. Porque a gente, até um tempo atrás, tinha que se arrastar. Hoje, 95% do comercial é reativo. Aumentou 30%, 40% desde março de 2020. Recebemos, em média, oito a dez e-mails por dia pedindo proposta de edição de pacote completo, de consultoria. Hoje, a gente vê pessoas que querem começar já com qualidade técnica, o que não é difícil. Mas existe uma profusão de informações, e se sofre o contrário da nossa época. Enquanto a gente não tinha informação e tinha que conseguir uma qualidade boa por tentativa e erro, hoje o cara joga no Google e a quantidade de resultado que ele tem é tanta, que ele não consegue filtrar.

Como surgiu o *Alô Ténica*?

Eu fiquei meio como exército de um homem só, tendo o *Jovem Nerd* como único cliente durante quase dois anos. Era eu e meu computador editando um *Nerdcast* por semana. Ganhei tempo para produzir o *Rádiofobia*. Aí criei o *Alô Ténica*, que está chegando ao episódio cem. Era uma maneira de eu compartilhar, porque era tanta demanda de informação. Hoje até bem menos, mas eu não dava conta de responder todo mundo, por rede social, e-mails. Como as dúvidas se repetem, fiz um podcast que ensina a produzir podcast. Hoje, a gente tem notícias diárias, podcasts explicando o que está acontecendo no mundo do podcast, se fala em mercado mundial de podcasts.

E com números promissores.

A gente vê quando o IAB prevê, para 2021, 1,2 bilhão de dólares de investimento em publicidade no mercado americano de podcast. Em 2017, o mercado estava em trezentos milhões de dólares. De lá para cá, a curva deu um pico. Que tamanho de mercado é esse? Quando eu comecei, era considerado underground. Isso é muito legal. Trabalhar profissionalmente com podcast, neste momento, é um desafio, mas não mais do ponto de vista de como fazer, mas, sim, de como dar conta do volume crescente de procura, de novos clientes querendo produzir programas com qualidade profissional. E também, no meu caso, especificamente, de me manter atualizado com a velocidade de coisas que surgem voltadas para o mercado de podcast, coisa que lá atrás a gente tinha que fazer gambiarra com palito de dente para tentar resolver.

O que você vê de tendência para o mercado?

Tendo em vista que a nossa sociedade nunca mais vai voltar a ser o que era antes do coronavírus, algumas coisas não vão mais deixar de ser realidade na nossa vida, como o teletrabalho e estudo remoto. E eu vejo, aí, o podcast ainda bastante subutilizado e com um potencial de crescimento muito grande. Como complemento didático para escolas, para cursos, embutido no próprio programa didático. Então você pode ter material em vídeo, livro impresso e podcast, que não exige a presença física do professor. Isso serve tanto para escolas como para recrutamento de empresas. Recrutamento, treinamento, capacitação de times de vendas que viajam o Brasil. É essa característica do podcast, de ser uma mídia extremamente versátil, que se adapta, porque o podcast não é o que se faz, é como se distribui, ponto.

Mesacast é tendência?

O YouTube nunca foi e nunca vai ser fundamental para podcast. Mas ele pode, sim, ser complementar. Inclusive, recentemente saiu uma pesquisa que mostra que, acho, 40% dos novos ouvintes de podcast o acabam descobrindo no YouTube, então ele é uma vitrine importante. Tanto que, há muitos anos, a gravação do *Rádiofobia* é transmitida ao vivo. Transmitir ao vivo é o foco da nossa audiência? Não. É um bônus para quem acompanha a gente de perto, para aquele ouvinte mais íntimo, que participa do nosso grupo de discussão, que gosta de saber dos bastidores e tudo mais. Mas isso não nasceu agora, eu faço isso desde 2011, entende? Tendência é o podcast ser utilizado na sua versatilidade, na sua flexibilidade, no maior número de aplicações possíveis. E onde eu vejo uma subutilização que tem tudo para crescer, está crescendo devagar, é nesse aspecto educacional, seja corporativo, em escola, curso livre, não importa. Eu acho que o podcast permite que você retenha, absorva conteúdo de uma maneira muito eficiente quando está, paralelamente, fazendo outra atividade que não exige uma dedicação intelectual 100% focada.

Falando em novos ouvintes, com grandes empresas entrando, mais gente está descobrindo o podcast.
Como os grandes canais agora estão descobrindo o podcast, a gente está recebendo um público novo. E o público faz a necessidade. Então, à medida que a gente recebe um público novo, começa a ter ideias para outras maneiras de compartilhar esse conteúdo. Haja vista, por exemplo, que tem gente boa já produzindo o audiodrama. Têm surgido muitas coisas que eu nem tinha pensado. Uma líder de escoteiros está produzindo com a gente um podcast para contar histórias para os escoteiros, como eles tradicionalmente faziam no acampamento em volta da fogueira.

Qual é a sua percepção sobre esse processo de amadurecimento da participação das marcas no mercado de podcast? Como isso está se desenvolvendo?
Eu acho que está bem lento. Cada mídia tem a sua característica, particularidade, sua idiossincrasia. Ainda não se busca entender tudo isso da mídia podcast. Muitas vezes, eu acho que o podcast é mal aproveitado, porque a gente tem um poder muito grande de chegar onde pouca gente chega, que é no pé do teu ouvido. É um poder, uma permissão e uma intimidade que o ouvinte dá para quem produz, que precisam ser aproveitados, de forma responsável e de forma inteligente. E não são, na maior parte das vezes. Tem muita marca investindo em podcast porque é modinha, agora. Mas a marca não tem obrigação de saber, a marca paga para uma agência ensinar para ela. Se a agência está preocupada com quantos porcento daquele budget ela vai ganhar, mais do que como vai entregar o produto do seu cliente, o podcast não vai feder nem cheirar. Vai botar dinheiro no meu bolso, vai botar dinheiro no bolso da agência, como intermediário desse processo de subcontratação de serviço, mas

não vai levar o potencial que poderia para o cliente. E, como resultado, não vai engajar tanto quanto poderia engajar; o que poderia ser uma história longeva daquele cliente com o podcast se torna investimento para um ano fiscal.

Tem que pensar o áudio como estratégia, né?
Exatamente. Tem algo que eu criei em 2013, que eu chamei de "os sete Ps do podcast", uma corruptela de algumas expressões para ter tudo letra P, que é o P de podcast. Enfim, desses Ps todos, o mais importante, e infelizmente o mais negligenciado, é o público. O público não vem com o produto que se faz, o produto tem que ser desenhado para o público, que é um dos pesos da publicidade, também. Podcast tem que ser *tailor made*. É a diferença de comprar um terno numa loja de shopping e ir num alfaiate fazer um terno desenhado para você. Entre em contato com o Jovem Nerd ou com o Azaghal, pergunte a eles: "De todas as mídias que vocês têm hoje, qual é a única que vocês não deixariam de fazer neste momento?". Eu aposto a minha mão direita que eles vão responder o podcast. Porque eles sabem fazer.

Aí entra o engajamento.
Anúncio em podcast, seja em spot, testemunhal, programa com a temática inteira falando daquilo, seja escrito... Ainda é subutilizado. O podcast como "mídia" ainda é considerado marginal, pequeno, talvez. Então falta uma visão da característica da mídia. O *Nerdcast* tem pelo menos oitocentos mil downloads por episódio, por semana. Mas o *Nerdcast* está no Olimpo da podosfera. Nesse meio, você tem podcasts grandes e médios, com duzentos mil, cem mil, cinquenta mil, dez mil, cinco mil, quinhentos, cem, não importa. Se o seu público é um público de nicho, você está desenhando o seu conteúdo para ele, você engaja o seu

público. Você consegue vender com mil downloads no podcast focado no público e produzido sob medida com a linguagem, o formato, que aquele público vai consumir. Você consegue engajar muito mais do que fazendo um produto a esmo. Publicidade, em podcast, não é metralhadora giratória; publicidade, em podcast, é *sniper*, é tiro de atirador de elite, é um por um.

Como você se destaca hoje no meio de tanta coisa nova que está aparecendo?
O ouvinte tem o mesmo tempo, vinte e quatro horas. Infelizmente, todo mundo tem o mesmo tempo. Tempo, hoje, para a gente, é um *asset* muito mais precioso do que grana. Se ele tem uma hora por dia para ouvir podcast, o que vai fazer ele ouvir você? Aí entra a necessidade de fazer conteúdos que tenham relevância dentro da sua proposta. Pode ser entretenimento, educacional, corporativo, tem que ter relevância. Aquela coisa da reunião que podia ser um e-mail, sabe? Com o podcast é a mesma coisa. Se for um programa de uma hora que poderia ser um tuíte, não faz.

A preparação é fundamental para isso, né?
Entrevisto pessoas há muitos anos. Eu nunca entrevistei alguém sem que eu tivesse uma pauta com perguntas minimamente elaboradas. Agora, sentar e falar: "Cara, e os projetos?". E aí ficar sete horas comendo coxinha para depois fazer vídeo com os cortes e um título *clickbait*. Não tenho nada contra, porque estão ganhando dinheiro e é uma maneira de utilizar o YouTube para monetizar. Mas não vem querer me ensinar algo que estou fazendo há treze anos. O ouvinte não tem onze horas para te escutar. Ninguém tem. É humanamente impossível. O cara pode deixar o computador ligado, dar o play e viver. Isso vai engajar? Você vai

vender no momento da coxinha. Então, eu acho que a gente precisa fazer esse uso inteligente do podcast. É muito mais eficiente quando a gente desenha o conteúdo, a duração, a periodicidade, e desenha para o público, aí você consegue se destacar e se tornar relevante. Audiência não é só volume, também é qualidade.

Ale Santos
Infiltrados No Cast

Autor afrofuturista, ativista, comunicador digital e negro drama do *storytelling*, como ele mesmo se define, Ale Santos levou para o podcast a sua influência no Twitter, onde tem cento e quarenta mil seguidores, e sua capacidade de contar histórias. Depois de uma experiência, em 2010, com o extinto RPGCast, desde 2020 ele produz o *Infiltrados No Cast*, agora um programa exclusivo do Spotify. Também em 2020, em parceria com a Orelo, foi autor e roteirista do *Ficções Selvagens*, uma série com seis episódios que contou com direção de Ian SBF e produção da Mira Filmes.

Como os podcasts entraram na sua vida?

Eu já tinha tentado fazer um podcast, acho que em 2010. Eu tinha um blog de rpg e criei o RPGCast. Só que era muito caseiro. Eu realmente gravava nas piores condições possíveis, no quintal da minha casa. Não queria pagar host, então eu colocava o arquivo no Internet Archive, depois fazia um hackzinho html para embedar no blog. Era assim, uma zoeira. Foi a minha primeira experiência produzindo um podcast. Ele nunca atingiu uma audiência bacana e significativa para mobilizar algo, como tem feito o *Infiltrados No Cast*, mas foi uma experiência legal.

E como surgiu o *Infiltrados No Cast*?

Depois de um tempo, eu acho que em 2018, antes da pandemia, muita gente via meus *threads* no Twitter e falava que daria um ótimo podcast. E já tinha algumas produtoras que se aproximaram de mim, que queriam fazer esse tipo de coisa. Eu cheguei a ter uma ideia para um podcast que se chamaria *Raízes Negras*, em parceria com uma produtora. Só que estava em uma fase de trabalhar muito, viajar muito, escrever muito, dar palestra, nunca havia tempo para gravar. E aí veio a pandemia, e no meio dela, o lance do George Floyd. E todo mundo passou a querer fazer live. Eu cheguei a fazer cinco em um dia. E eu odiava ter que repetir a mesma coisa. Porque todo mundo fazia as mesmas perguntas: "Ale, isso é racismo?", "Ale, de onde vem isso?", "De onde vem aquilo?". Aí decidi criar um podcast. E se alguém me perguntar isso, eu mando o link do episódio para a pessoa escutar. Foi assim que eu criei o *Infiltrados No Cast*.

Mas você já estava com outra mentalidade de produção?

Eu ainda estava pensando da mesma maneira como no *RPGCast*. Achava que dava para fazer uma coisa caseira, para gravar com celular mesmo. Eu só não contava que, na época em que fiz o meu primeiro podcast, em 2010, eu não tinha a audiência que tenho hoje no Twitter, com cento e quarenta mil seguidores. E quando eu comecei a publicar no Twitter que eu tinha um podcast, a coisa ficou séria. Então, consegui arrecadar um financiamento recorrente que começou a bancar algumas coisas. E aí, percebi que essa poderia ser a minha veia principal de produção de conteúdo. Como publicitário que também sou, falei: "Mano, isso é diferente, isso é um produto, algo que está nascendo já com uma outra pegada, com gente disposta a apoiar". E então, comecei a investir e chamei uma galera. Um roteirista, um editor, um ilustrador e aí já comecei a pensar mais longe.

Então, rapidamente, o podcast passou a se tornar relevante dentro da sua jornada profissional não apenas mais como exposição de imagem, mas também sob o ponto de vista efetivo de negócio?

Depois do terceiro episódio, vi que tinha audiência, atração e demanda, inclusive de grana, para fazer isso acontecer. Então, falei: "Eu quero transformar isso em algo que seja minha profissão pra sempre". Quero fazer podcast pra caramba, cara. E depois, a coisa só escalou. Em quatros meses, a gente conseguiu vender o *Infiltrados No Cast* para o Spotify. Então a parada ficou diferente. Eles contrataram um editor, recebi os equipamentos para gravar, produzir, fiz treinamento, tenho conversas a cada quinze dias com o gerente do Spotify. Então, assim, a parada ficou bem diferente e já estou pensando nos próximos passos, em novos programas e outras coisas que eu quero fazer também.

Qual é a análise que você faz a respeito do público que consome podcast?

Vimos um crescimento vertiginoso da audiência de podcasts durante a pandemia, porque a galera está em casa e escutando. O mercado já está mostrando que ele já é uma tendência que vai impactar pra caramba as discussões sociais brasileiras. O brasileiro ama rádio, e podcast, apesar de não ser rádio, tem o sentimento e a experiência do rádio. Quem escuta o *Infiltrados No Cast* sempre está lavando louça, no banheiro ou fazendo outras coisas. Por isso que, com esse impacto nas discussões sociais, eu tenho a intenção de ser um dos caras que está disputando essa narrativa, esse espaço.

Quais são as referências para as suas criações em formato podcast?

Sou um cara que acredita na transmídia e mistura referências. Então, tem Adoniran Barbosa, Emicida, *Nerdcast*. Mas, para mim, tudo parte do texto. O texto cria série, entrevista, tudo. Consumo tudo, olho para tudo como referência. Uma referência de escrita que me ajuda em meu modo de contar histórias, seja para qualquer plataforma, é Ariano Suassuna. Ele, para mim, é fenomenal e tem uma frase que eu amo, que impacta muito o meu pensamento de como contar histórias e produzir conteúdo: "O que é bom pra ser vivido não é bom pra ser contado". Acho que a gente tem sempre que contar aquilo que é diferente da nossa realidade. E aí, obviamente, quando olho para o caminho mais tradicional em termos de podcast, *Nerdcast* é um podcast que eu sempre escutei da época da faculdade. E depois eu participei de dois episódios. Ouvia também o *Matando Robôs Gigantes*. Mas eu também me inspiro muito nos formatos de série, em como os cortes são feitos e como as jornadas narrativas são construídas. É óbvio que tem todo um entendimento de como isso pode funcionar no podcast ou não.

Dentro dessa jornada, o que você conseguiu pegar de insights?

É até um clichê falar isso, mas saquei, por exemplo, que as pessoas querem a sua personalidade falando dos assuntos. Ocasionalmente, falo de muitos temas que outras pessoas já falaram. Só que eu tento adaptar para o meu modo de pensar. Então, eu sempre tento explicar aquela jornada do modo que eu penso e no ritmo em que eu falo. Porque às vezes, as pessoas que tendem a entrar nesse meio querem formatar sua voz, sua entonação, para parecer com outra pessoa e uma locução que já é muito padrão. As pessoas gostam quando você é legítimo na maneira de se expressar. No começo, eu tinha uma treta com o editor porque ele gostava muito de cortar todas as minhas pausas. E quando você para de cortar o silêncio, as falas ficam mais naturais, orgânicas. No YouTube, eu acho que rola muito isso, de cortar as pausas. No podcast, parece que o pessoal quer reconhecer você conversando.

E quais são as suas considerações sobre a duração, o formato e o timing dos episódios?

Você precisa saber em qual momento quer que a galera escute o seu podcast. Tanto o Spotify como outras plataformas têm vários programas para momentos específicos. Eu poderia tratar de maneira bem densa e acadêmica algum assunto, como, por exemplo, falar sobre os fascistas brasileiros na década de 1950. Poderia criar um documentário de quatro horas sobre isso, mas não, eu quero que o pessoal entenda em vinte minutos. Porque é o tempo de lavar uma louça, fazer uma caminhada e absorver uma quantidade de informação para começar a entender uma história de maneira impactante. É uma coisa que você tem que compreender na hora de produzir o seu programa. Porque existe essa tendência de ser mesacast agora, todo mundo quer fazer igual ao *Flow*, que abre o microfone e fica três horas conversando. E aí as pessoas simplesmente começam a reproduzir sem pensar exatamente se é isso que vai funcionar para a sua proposta. O *Flow* e outros programas mesacast têm funcionado daquela forma exatamente por ser no YouTube.

Você também produziu o *Ficções Selvagens*. Qual é o balanço do potencial que há para esse formato de narrativa de ficção dentro de podcast no Brasil?
Tem umas questões que favorecem o podcast. Parece que existe uma tendência de as pessoas se desprenderem mais da tela hoje em dia. Porque acompanhar uma série é algo em que você precisa estar com o olho na tela e separar tempo e atenção para isso. Acontece que as pessoas querem ser multitarefas e acompanhar as histórias. E o brasileiro sempre teve esse hábito, de assistir novela sem estar olhando para a televisão. A ficção faz parte da essência brasileira desde a radionovela, e temos uma tradição muito legal nesse sentido. Dizem que o Brasil já é o segundo maior mercado de podcasts no mundo e, assim como as ficções começam a ser bastante utilizadas lá fora, principalmente nos Estados Unidos e na Europa, o Brasil não vai ficar para trás nesse rolê, não.

E como vê a evolução do mercado brasileiro de podcasts nos últimos anos?
Até 2019, tem uma cisão do que a gente chama de "esfera de podcasts" no país. Antes disso, existia a podosfera, que eram produtores independentes fazendo tudo na raça e angariando a sua audiência. A partir de 2019, a gente começa a entrar em um pensamento de mercado de podcast. E aí tem esses grandes, que são Spotify, Deezer, Amazon e Globoplay, comprando programas que inclusive já estavam estabelecidos. E aí começa uma lógica que se assemelha mais ao segmento de streamings de TV, como Netflix e Amazon já fazem. Isso é um comportamento que promove esse rompimento, há muitas discussões sobre isso. Se isso vai matar os podcasts e a podosfera ou não, acho que só

teremos uma noção sóbria daqui a uns dois anos. E nessa levada você tem os *players* comprando e produzindo podcast e, consequentemente, uma ascensão da ficção, porque produzir ficção é caro. É necessário ter muitos atores. A maior parte dos podcasts de ficção na podosfera tem uma ou duas pessoas que produzem, escrevem e acabam narrando as suas histórias. Então, você tem, geralmente, histórias de um narrador ou documentários. Mas esses podcasts que têm atores mesmo assim, renomados ou não, vão custar muito mais.

Como foi essa produção no *Ficções Selvagens*?
O *Ficções Selvagens* tinha vinte atores. É o tipo de coisa que você não vai fazer da forma antiga na podosfera, não vai fazer independente. Eu fiz seis episódios só, cara, e foi um esforço grande. Porque foi horrível e foi empolgante simultaneamente, porque foram três meses de uma produção intensa. Tinha a Mira Filmes fazendo a produção do *Ficções Selvagens* e tinha o Ian, que é o criador do *Porta dos Fundos,* fazendo a direção de todo o programa. E você tinha uma outra equipe, do Gustavo, que era só da sonoplastia, para criar o ambiente e todo esse contexto que é necessário sem o apoio visual. E tinha a empresa de casting para trazer os vinte atores. E tem várias discussões sobre isso, que o Brasil ainda vai começar a passar. Por exemplo, a relação entre narradores e dubladores profissionais e atores profissionais. O Spotify lançou recentemente o *Paciente 63*, com o Seu Jorge e a Mel Lisboa.

E o que ficou dessa experiência de participação de atores no podcast?
No *Ficções Selvagens*, eu tive o Nill Marcondes, o Edson Montenegro e a Cinnara Leal. E você vê que eles estão mui-

to acostumados a entregar tudo, toda a sua interpretação, com o corpo mesmo. É isso que o ator faz. Quando você vai fazer e entende que ele precisa de nuances para entregar sentimento exclusivamente com a voz, você vê que, às vezes, acontece de atores muito renomados não conseguirem fazer o personagem. Isso aconteceu nas reuniões de casting do *Ficções Selvagens*, porque a gente fez teste com vários atores. Tem ator que fez série da Netflix e, na hora de narrar, não conseguiu, não transmitiu aquilo para a gente. E aí você começa a ter uma outra questão que o mercado ainda não saca: dubladores já têm o seu padrão de cobrança. Eles contam quantos anéis tem cada texto e te mandam o valor. Atores ainda não têm isso, então a precificação, para ator, é uma parada que ainda vai ser discutida no Brasil. Porque eles estão começando a fazer agora esse tipo de coisa com essas grandes empresas.

O que você acha do potencial tanto dos podcasts de ficção como daqueles com temáticas de crimes reais para a audiência brasileira?

Quanto aos de crimes reais, eu acho que já tem umas boas produções brasileiras, que estão se estabelecendo aqui com formatos bem documentais. Agora, para a ficção com atores, com jornadas como eram as radionovelas, acho que o Brasil precisa caminhar. Mas eu sinto que vai ser um passo rápido. Eu estou vendo algumas plataformas se movimentarem e acho que nos próximos meses, assim como, repentinamente, a podosfera começa a se transformar no mercado onde você tem Zeca Camargo fechando podcast com Deezer e Mano Brown fechando com Spotify, um próximo estalo de dedos vai trazer muita ficção para a gente.

Esse caminho da ficção também pode potencializar novos caminhos comerciais?
A ficção traz novas oportunidades de franquias narrativas. Criar uma série de ficção é ter a oportunidade de pegar um personagem e levar esse personagem para fazer *branded content*, ou pegar um produto criado na ficção e transformar em um romance, e depois até mesmo virar uma série. Inclusive, eu acho que essa é uma questão que vai ser muito importante não só para o mercado de podcast no Brasil, mas para toda a ficção nacional. Porque produzir uma série como *3%* é muito caro, assim como criar invasões extraterrestres e superpoderes dos X-Men com efeitos visuais. Mas, quando você faz isso com sonoplastia, fica muito mais barato. Fica muito mais fácil. Então, você vai poder pegar os roteiristas brasileiros que já têm muito interesse na ficção especulativa, que já têm universo de fantasia bem estabelecido, e de repente a gente vai ter um momento de vida para a própria tradição da ficção brasileira.

Há uma certa lacuna para pautas sociais potentes dentro do universo do podcast? Quais outras temáticas ou narrativas ainda têm espaço para evoluir dentro do ecossistema?
O mercado de podcast está respondendo de uma maneira interessante a essas demandas, que já estão na dinâmica social brasileira, impactando a política, e com audiência para isso. E as plataformas estão indo atrás de podcasts que respondem a essa audiência. E aí, o que eu percebo é que essas discussões já estão sendo compreendidas, no início desse novo mercado, pelas plataformas. Elas enxergaram o que o YouTube fez ali atrás, de empoderar e criar grandes comunicadores só de um lado, só de um espectro político ou

só de uma temática. E viu o quanto isso se tornou prejudicial para a plataforma. Então, acho que elas já estão olhando para fazer com que isso aconteça de maneira diferente dentro dos seus ambientes, porque, afinal de contas, diversidade é a pluralidade da audiência. Sem contar que o Brasil ainda é um país que escuta muito rádio nas cidades do interior. O desafio é fazer com que o ecossistema de podcast seja tão rico quanto é o rádio no Brasil, absorvendo o regionalismo. É tipo fazer com que as realidades regionais sejam vistas ali, que o podcast também seja vitrine para toda essa diversidade étnica, cultural, mas regional também.

Cris Bartis
Mamilos

No ambiente tóxico e inóspito provocado pela polarização política nas eleições de 2014, as publicitárias Cris Bartis e Juliana Wallauer se juntaram para criar um espaço que sugerisse algo em falta nos debates sociais da época: a escuta. Assim nasceu o *Mamilos*. Criado com a proposta de realizar "diálogos de peito aberto", o podcast se lançou a tangibilizar, semanalmente, alguns dos assuntos mais quentes e polêmicos do momento, sobretudo aqueles inflamados pelas redes sociais. O título do primeiro episódio já dava indícios dessa jornada corajosa: "Bundas, traições, complexo de deus e cometa". Em pouco tempo, o podcast, que pertence à B9, empresa que tem Cris e Juliana como sócias, tornou-se uma grande referência. Não à toa, hoje é comercializado e promovido pelo pacote de áudio digital da Globo. Na entrevista a seguir, Cris Bartis explica os desafios e oportunidades dessa jornada.

Quais são os fatores que levaram o *Mamilos* a essa trajetória de consolidação junto à audiência ao longo dos anos?

Vamos fazer oito anos, e isso, para podcast, é bastante. Podcast é como vida de cachorro, cada ano vale por dois ou mais. É bastante experiência acumulada nesse tempo. Eu e a Juliana acreditamos muito em coisas que não são reproduzíveis. Se estivéssemos começando o *Mamilos* hoje, não ia ser a mesma coisa. Então, a gente é fruto do encontro entre sorte, oportunidade e ignorância. Não sabíamos muito bem o que estávamos fazendo e não tínhamos grandes planos com isso. O *Mamilos* aconteceu porque a gente foi gravar com o (Carlos) Merigo, lá atrás, quando ele nos convidou para o *Braincast*. Depois, todo mundo começou a retornar falando "nossa, que minas legais, elas deviam ter o próprio podcast". E aí, meio na ignorância e na inocência, a gente: "Por que não?". E tínhamos o Merigo, que já fazia o *Braincast*, mesa, microfone, podíamos subir o áudio, editar. Então, a gente teve o privilégio que pouca gente tem de ter um suporte logo no início. Mas aí vem a nossa qualidade, o nosso jeito de ver conteúdo, que é o meu e da Juliana, para consolidar isso numa trajetória de sucesso.

Qual é a relevância social e cultural, hoje, do *Mamilos* para dentro e para fora da bolha da podosfera?
É um pouco difícil falar disso sem soar arrogante. Mas nunca vai deixar de ser assustador para a gente. Esses dias, a Juliana foi elogiar o podcast da Sônia Bridi, que é uma jornalista que a gente admira muito. E a Sônia vai e retuíta: "Nossa, que lindo, a pessoa que me fez ouvir podcast gostou do meu, eu estou muito feliz". A gente: "Oi? É a Sônia Bridi". A gente sempre se surpreende com isso. Tipo, é como entrar em contato com a assessora do Lula e ela falar: "Cara, eu sou muito Mamileira, eu quero muito que ele vá". E a gente fala assim: "Meu Deus, o que está acontecendo?". Então, medir relevância também tem o espírito do tempo. A relevância não é só a audiência, o alcance, ela é o quanto você influencia as pessoas a mudarem a partir daquilo. É o impacto.

Tem algum exemplo prático sobre esse impacto?
Eu estava escolhendo calcinha para a minha filha na Renner, naqueles pacotinhos de gôndola, uma mulher parou

do meu lado e falou: "Eu amo o seu programa, vocês mudaram a minha vida e eu não morri por causa de vocês". Aí a gente pensa: "Ah, é o jeito de falar né?". E ela fala: "Não, é que eu tive depressão pós-parto, eu tava enlouquecendo, tive pensamento suicida e aí, quando vocês falaram sobre isso, eu procurei ajuda, tratamento e eu tô bem hoje".

O formato podcast promove uma aproximação única com o ouvinte, né?

Então, a gente não tem muita noção desse impacto, e eu acho que esse impacto também é roubar um pouco no jogo com a voz. Porque eu não sou um rosto, eu sou só uma vozinha carinhosa no ouvido. E a voz é a segunda coisa que mais desperta ocitocina no corpo humano, só perde para o toque. Então, eu estou ali falando no ouvido da pessoa e a pessoa pega isso e transforma numa coisa grandiosa. Ela estava aberta, aceitou um convite e se transformou a partir daquilo. E, no final, isso é relevância.

E tem também a questão da sensibilidade feminina nesse diálogo?

Quando o *Mamilos* começou, praticamente não havia outras mulheres que faziam podcast. A gente cansou de receber e-mail de mulher falando: "Eu nunca tinha ouvido podcast porque nada me representava". O *Mamilos* é um conteúdo feito por duas mulheres para pessoas em geral, mas as pessoas colocaram a gente muito tempo na caixa do conteúdo feminino. Ao mesmo tempo que a gente fica muito feliz de ter uma relevância e o impacto de ter trazido ouvintes mulheres para podcast, esse lugar não é o único a que a gente pertence. Pertencemos ao mundo do conteúdo e a quem tem interesse de ouvir.

Vocês sempre dizem que a proposta do *Mamilos* está mais voltada para construir pontes do que provar pontos. Essas pontes pretendem ligar quais pontos e levar o programa e seus ouvintes para quais lugares?
O que a gente faz é conteúdo centrado no usuário. Toda vez que a gente escolhe uma pauta, a gente olha para essa pauta e pensa mais ou menos onde as pessoas estão e como é que a gente quer que as pessoas se sintam enquanto elas escutam esse programa. E aí a gente tem nuvens de palavras para determinar sensações diferentes. Eu quero provocar? Eu quero acolher? Eu quero instigar? A resposta é sempre baseada no que queremos despertar nas pessoas enquanto elas estão em contato com o programa e qual é o residual disso. Qual é o *call to action*? Então, estamos falando sobre permitir que as pessoas se conectem melhor com outras pessoas. O ouvinte do *Mamilos* é um influenciador do espaço onde ele está, seja na família, no trabalho ou em outros contextos. E são estudantes eternos. Não importa a idade, eles curtem o diálogo. O nosso objetivo final aqui é fortalecer a democracia, e democracia só acontece com diálogo.

Nesses quase oito anos de *Mamilos*, muitas transformações aconteceram em vários segmentos, inclusive no podcast. Qual é o balanço que você faz da evolução do mercado desde que vocês iniciaram essa trajetória?
Podcast, no Brasil, assim como a maioria das coisas, começa porque a gente tem um povo amador. E não é amador do fazer malfeito, é amador porque faz por amor. O mercado americano iniciou praticamente ao mesmo tempo que a gente, só que os caras iniciaram já recebendo uma grana, foi incentivo público via NPR (rede pública de emissoras nos Estados Unidos).

E aí eles começaram a criar programas e a subir, e todo mundo ali foi remunerado desde o momento zero. Aqui, nada disso aconteceu. Começamos a fazer porque era um hobby. Então, teve uma primeira safra de amadores que se cansou. E uma galera que continuou e, tempos depois, foi formando um mercado. Nessa transição pela qual a gente ainda está passando, tem uma dificuldade de quem ouve há muito tempo. Sabe quando você tinha uma banda preferida e ela era só sua, e agora todo mundo conhece a sua banda, que agora tem até patrocínio?

Passa pela questão do aculturamento, né?
Exato. Tem um ouvinte ali que era da podosfera, que se sente meio traído por isso ter se transformado num mercado. Só que o mercado cresce e funciona independente do que a gente deseja. E eu e a Juliana viemos do mercado de comunicação e já conhecíamos como isso funcionava e como isso dava dinheiro. Só que a gente queria fazer do nosso jeito. Na verdade, estávamos muito cansadas de ganhar dinheiro falando mentira, com publicidade. E nos perguntamos: "Como é que faz para ganhar dinheiro falando a verdade?". Então, cresceu o conteúdo e tinha um negócio chamado cara de pau. Aí, você vai na porta de um anunciante, porque você já tinha uma carreira, conhecia um monte de gente, liga para uma pessoa e fala: "Tô fazendo uma coisa completamente diferente agora e eu queria te apresentar". Assim conseguimos o primeiro anunciante, o Bradesco.

E quais outros modelos de monetização foram utilizados nessa jornada?
A primeira remuneração do *Mamilos* veio do Catarse, foi de vaquinha. Porque as pessoas viravam e falavam: "Ah, eu quero dar dinheiro para vocês não pararem". Durante um tempo,

o *Mamilos* foi o maior arrecadador do Catarse. A gente chegou a receber vinte e seis mil reais por mês. Eu e Juliana deixamos os nossos empregos para nos dedicarmos inteiramente ao *Mamilos*. Reinvestimos essa grana na própria empresa, entramos de sócias no B9, que incorporou o podcast e começou a construir outros conteúdos. Por causa da experiência em publicidade, a gente sabia quais eram as marcas que estavam antenadas e que faziam as coisas antes das outras, que investiam em inovação. Então, foram essas marcas que vieram.

E como o processo de parceria com essas marcas e os formatos de inserção têm se desenvolvido ao longo do tempo?
A gente já trabalhou com os maiores anunciantes de indústrias grandes, como saúde, finanças, mercado automotivo. E isso foi muito legal. Porque só chegava anunciante automobilístico para o *Braincast*. E a gente se perguntou: "por quê?". Quem decide quem compra o carro é a mulher, seja ela solteira ou casada. E aí a gente foi provocando também as pessoas. Então, o Bradesco está há um tempo maior, é o anunciante que fica na cabeça das pessoas. Mas também teve Magazine Luiza e Natura, que financiaram uma série sobre violência doméstica, que nos fez ir a campo. E aí a gente decolou e não fazia mais sentido essa arrecadação de doação. Transformamos isso em outro programa, outro produto, que é um clube de assinatura. Porque aí não é mais para manter o *Mamilos*, é para conversar direto comigo e com a Ju.

Aí a gente chega no momento de entrada na Globo. O que mudou para vocês, em termos de dinâmica, alcance, e o que esse movimento traz de oportunidades?
Dentro de toda a visão dessas plataformas em cima do B9, a gente viu na Globo o lugar ideal. Primeiro, porque você

está falando em português, já está mais ou menos na sua cultura, então tem uma negociação respeitosa de quem já produz conteúdo no Brasil há milênios e sabe fazer isso. Foi uma negociação de quase um ano para fechar a parceria dentro dos termos que faziam sentido para ambos. Foi muito legal encontrá-los como parceiros de comercialização e divulgação. O que eles fazem hoje é vender o *Mamilos* e o *Braincast* e divulgar esses produtos para que eles tenham cada vez mais audiência e possam vender cada vez melhor. E nós temos a linha editorial e a produção, e dividimos os lucros em cima disso. É um experimento muito ousado para a gente, dada a diferença entre Davi e Golias. Mas você tem que entender que você tem um valor por já estar fazendo isso há muito tempo no mercado, inclusive há muito mais tempo do que eles. É uma troca genuína.

Para finalizar a conversa, acho que vale a pena falar sobre a inserção de marcas no podcast. Muitas vezes, as empresas querem impor a visão delas no conteúdo quando precisam entender o poder da cocriação com quem fala com aquela audiência todo dia. Como você enxerga a maturidade da indústria na relação entre anunciantes e podcasters?
Cara, sabe com quem eu aprendi isso? Quando eu estava em agência de publicidade, há muitos anos, e a marca foi fazer um trabalho em que eu estava à frente com o *Porta dos Fundos*. E eles falaram assim: "Beleza, só que você não vai ver o que é. Você já sabe que eu tenho um acervo te falando como é meu conteúdo, eu vou falar o que eu quiser, e é isso. Você quer me dar o dinheiro?". E aí, quando a gente decidiu fundar a empresa, falei: "Só sei que vai ser assim". O Bradesco nem sonha qual é o tema de cada semana. E eu acho que a gente já tem um grupo de empresas amadurecidas

hoje, no Brasil, para entender que as pessoas não querem o conteúdo interruptivo. Se você associar sua marca ao conteúdo de qualidade, que é aquilo que está sendo entregue, aí as pessoas pagam esse pedágio. Então, deixa que a gente sabe fazer conteúdo. A gente fez um podcast sobre cerveja para o Grupo Petrópolis que ficou tão legal, e eu não posso falar o nome, mas uma outra empresa entrou em contato e falou: "Nossa, eu adorei, eu posso anunciar nesse podcast?". Mano, mas é o podcast do seu concorrente. Então é isso, é a qualidade do conteúdo que manda.

Ivan Mizanzuk
Projeto Humanos

Graduado em design gráfico, com mestrado em ciências da religião e doutorado em tecnologia, Ivan conseguiu misturar forma, formato e *storytelling* em seu meio principal de expressão: o podcast. Há uma década trabalhando com a mídia, consagrou seu nome na podosfera com a criação do *Anticast*. Mas explodiu no cenário nacional, mesmo, na quarta temporada de seu podcast *Projeto Humanos*, que reconta a história de um crime que ficou conhecido como "O Caso Evandro". A produção de não ficção chamou a atenção da Globo, que não apenas adquiriu a atração para seu catálogo, como contratou o próprio Ivan para tocar outras empreitadas no formato.

Como começou a sua relação com o podcast?
Era 2008, quando o primeiro iPhone veio para o Brasil, o iPhone 3G. E eu lembro de já ter ouvido a palavra podcast antes, em algum lugar. Eu estava fazendo mestrado no Programa de Ciências da Religião da PUC de São Paulo e tinha como objeto de pesquisa um mago inglês chamado Aleister Crowley e a Thelema, religião que ele montou no início do século XX. Era difícil achar material a respeito. E eu pegava muito ônibus, porque trabalhava e morava em Curitiba, fazia mestrado em São Paulo e dava aula como professor substituto em Londrina. Era muito tempo de ônibus, e eu queria

alguma coisa para me ocupar. E achei um podcast do Reino Unido, sobre teoria da conspiração, que falava sobre Crowley e Thelema. Foi minha primeira experiência com podcast. Depois de meses ouvindo, eu pensei que poderia ter algum brasileiro também fazendo isso. E aí a minha namorada, na época, hoje minha esposa, falou sobre o *Jovem Nerd*.

E nasceu logo de imediato esse entusiasmo pelo formato?

Eu já tinha um histórico de áudio, também, porque tentei ser músico em uma vida passada, durante a faculdade. Eu tocava guitarra, aprendi a captar som, eu brincava um pouco com edição e falei: "Puxa, olha que bacana isso aqui que dá para fazer". Você grava uma conversa com os amigos, coloca um áudio, uma trilha sonora e lança alguma coisa assim. Até tive uma experiência que foi muito única no final de 2010. O pessoal do *Jovem Nerd* fez uma oficina de produção de podcast em Curitiba, uma coisa impensável nos dias de hoje. Nessa época, era uma mídia muito nichada, mas eles já eram gigantes naquele meio. Foram duas ou três semanas. Aprendemos a captar o áudio, a usar os programas e editar, entre outras coisas. Aí eu pensei: "Acho que eu consigo fazer isso".

E como surgiu o *Anticast*?

No mesmo ano, eu cheguei para uns amigos, todo mundo designer, e sugeri a criação de um podcast. Me perguntaram o que era podcast e eu expliquei. Começamos a gravar em 2011 e não tinha nem nome ainda. Aí me lembrei de um manifesto que criei falando sobre como eu não gostava da maneira como a academia tratava o curso de design. Era muito focado no mercado e tinha pouco espaço para reflexão. E terminava o manifesto falando: "Se design é isso, eu sou um antidesigner". E daí surgiu o *Anticast*.

Como foi esse início?

A ideia era montar um podcast de design, com essa filosofia que já veio desde a universidade, essa ideia de uma coisa meio subversiva dentro da área. De falar de mercado, mas dar espaço para outros assuntos de que a gente sentia falta na universidade. E aí o nome pegou, o podcast teve sucesso e entrou no B9 com essa proposta. Nos picos, tínhamos de dois mil a três mil downloads. E aí chegou o momento, em junho de 2013, em que o Brasil começou a ir para a rua, ter discussão política o tempo inteiro. Ao mesmo tempo, havia um tabu muito grande sobre falar de política ou não no Brasil, no podcast ou em outras mídias. Então, começamos a pensar: "Vamos quebrar esse tabu? Vamos começar a falar de política aqui pra ver o que é?". Aí a gente descobriu que tinha programas de dois mil a três mil downloads, mas quando lançávamos um programa de política, triplicava, ia para nove mil ou dez mil. E o *Anticast* acabou, em 2015, virando um podcast definitivamente de política.

Foi nesse mesmo ano que você decidiu testar novas narrativas dentro do formato, certo?

Sim. Já estava há cinco anos produzindo programa de conversa e entrevista e queria outra coisa. Eu já estava muito influenciado pelos gringos, *Serial*, *This American Life* e *Radiolab*, que eram audiodocumentários, filmes para serem ouvidos, como a gente gosta de falar. Pensei: "Pô, quero fazer isso aqui no Brasil". Ainda não foi tentado da maneira como eu quero. Você tinha o *Escriba Café*, que era um podcast bem antigo já, é um dos pioneiros também dessa primeira onda de podcasters que apareceu no Brasil. Só que era muito o narrador contando a história. Eu queria off, gravar pessoas, colocar áudios de arquivos antigos. E aí eu coloquei lá *Projeto Humanos*. E eu fiz cursos e tutoriais e li sobre narrativa em áudio. Já tinha alguma experiência com literatura porque eu fiz muita oficina literária, tinha escrito livro, contos e tudo. Aí foi uma questão de juntar o que eu gostava no áudio com a maneira que eu gostava de contar histórias. E daí nasceu o *Projeto Humanos*.

O que mudou agora com o *Projeto Humanos* dentro da Globo, em termos de dinâmica comercial, de produção e cobrança?

Por incrível que pareça, não tenho cobrança, não. O podcast, pelo menos para mim, ainda não chegou naquele ponto que eu vejo acontecer com produção de séries de TV, em que você tem toda uma hierarquia, está todo mundo investindo muito dinheiro, então há um prazo muito rigoroso. O interessante é que agora fui contratado pela Globo, coisa que era impensável há três ou quatro anos. Fui chamado para, além de levar o *Projeto Humanos* para lá, realizar outras produções. Então, estamos construindo um terreno que não existe ainda e vamos ver o que vai pegar. Nesse primeiro momento, eu sinto que estou com o melhor emprego do mundo. De ter uma empresa que confia completamente em mim. Então, eu ainda não sei se vou sentir aquela história de: "Eu era feliz, independente, e hoje não sei". Porque para mim é totalmente o oposto. Agora eu tenho toda a possibilidade de botar todos os meus sonhos em prática.

Isso significa que não existe também um único caminho, e as possibilidades se abrem conforme a evolução do mercado.

Tem gente que quer produzir documentário sozinho para o YouTube, tirando dinheiro do próprio bolso e colocando lá. Gosta de ter aquilo e não quer ter ninguém cobrando cronograma, por exemplo, que é uma coisa que sempre bate assim em produções. E eu já gosto de estar nesse meio e ter uma máquina grande. Estamos pensando: "Que legal, tem que entregar isso em tanto tempo, como faz?". A gente se quebra todo e quando entrega, fica incrível, aí fala: "Que massa". Eu gosto dessa emoção no criativo. É até uma coisa que eu falo para o pessoal, às vezes: "Eu dificilmente quero ser o cara que assina o talão de cheque, porque o cara que assina o talão de cheque é o cara que não está criando mais". Eu quero ser sempre o cara criativo. A única coisa que mudou para mim, na Globo, é que agora estou conseguindo fazer o que eu nunca conseguia.

O que você pode contar sobre bastidores de histórias que aconteceram durante a produção do *Projeto Humanos*?
Não sei se tem muita história assim, além das que eu já contei na própria produção, porque eu gosto de ser muito transparente. No episódio "O Caso Evandro", mesmo, e isso acontece em outras temporadas, eu estou citando como é que estou chegando na pessoa, o que eu vejo, como foi difícil chegar até ela. O podcast narrativo tem essa beleza de você se colocar como narrador, contador da história. Você tem que ser o cara que cria uma imediata conexão com seu ouvinte, para fazer com que ele vivencie aquilo com você. No meio disso tudo, tem uma curiosidade. Eu não sou jornalista de formação, mas, sim, designer. E eu lembro que, em algum momento, comecei a ser chamado para dar muita palestra para jornalistas em eventos grandes. Comecei a me apresentar como jornalista e isso me facilitou demais, me abriu muitas portas. Hoje eu espero já poder sair do jornalismo, agora, agradecer todo o tempo que eu passei, mas o meu grande sonho é poder me apresentar simplesmente como podcaster, contador de histórias, e dar valor à mídia como eu acho que ela precisa ter.

Você viu e viveu algumas fases do podcast no Brasil. Qual é o balanço que você faz dessas transformações dos últimos anos?

Eu vou ser muito sincero: chega uma hora em que você está produzindo podcast tão profundamente, que para de acompanhar o que está acontecendo. Então, eu não consigo dar uma noção holística com a qualidade que você merece receber na resposta. O que eu posso falar são algumas impressões que eu tenho. Entre elas, sei que seria impensável existir uma Maremoto, produtora do Caio Corraini, há alguns anos. Ou uma Laboratório 37, o Paratopia, do pessoal do *Mundo Freak*. Antes, tínhamos praticamente apenas a Rádiofobia como a única com alguma envergadura, e porque os caras estavam no *Jovem Nerd*. Então, eu fico muito feliz de ver, hoje, pessoas que estão pagando suas contas apenas com o podcast. Isso era impensável, ou ia ser muito pequeno, quatro anos atrás. Você ia saber contar as pessoas no dedo e todo mundo ia estar na mesma festa. Aquela coisa de, tipo, está todo mundo no mesmo churrasco e, se cair o teto e morrer todo mundo, acabou a produção de podcast no Brasil.

E quando foi o ponto de virada do mercado nacional, em sua visão?

Isso mudou muito depois que a Globo entrou. Depois que comecei a me debruçar sobre podcast, estudar como ele funcionava e analisar fenômenos como o *Serial* e o *This American Life* e outros, passei a perceber que uma coisa que os fazia crescer muito era o fato de muitos deles estarem atrelados a grandes empresas de comunicação. Aí eu dizia assim: "Pô, eu acho que aqui no Brasil o podcast só vai estourar quando tiver grandes produtoras e grandes canais por trás". Aí eu lembro que o *Estadão* tentou alguma coisa e não vingou. Só que você tem um cara chamado Rodrigo Vizeu, que decidiu fazer isso na *Folha* e que, no final de 2018, lança o *Presidente da Semana*, que foi um super sucesso. Em 2019, eu lembro do choque que tive quando o *Jornal Nacional* terminava com o William Bonner falando para assinar podcast. Depois, o *Fantástico* fez uma matéria longa sobre o assunto.

O que você enxerga de tendências para o mercado de podcasts no Brasil?
Acho que podemos falar nos últimos dois anos, sobre aquele modelo de podcast Joe Rogan, que é uma mistura de podcast e YouTube, e você tem os cortes. E aí tem o *Podpah*, o *Flow* e um monte de outros podcasts que seguem esse formato, que usa o algoritmo do YouTube dentro dos cortes de uma conversa longa pra poder alavancar o canal. E aí você tem a receita do YouTube, tem ainda o feed do podcast, então diversifica e espalha bastante, o que é genial, né? Incrível. Eu acho legal. Mas também há coisas engraçadas nisso. Primeiro, as discussões intermináveis que tinha no grupo Podcasts BR, em que sempre alguém perguntava: "Pô, gente, e se lançarmos o áudio do podcast no YouTube?". Daí tinha uma longa discussão que nunca terminava, e essa discussão acontecia a cada dois, três dias. E se alguém falava "não, mas se não tem feed, não é podcast", "mas peraí, o podcast é o formato ou a distribuição?". E tinha toda uma discussão interminável.

O que você pensa a respeito dessa discussão, em termos de formatos de linguagem, narrativas e distribuição?
As pessoas têm que ouvir, dane-se onde isso vai ser. Se o YouTube for ajudar, ótimo. E legal que esses canais encontraram esse caminho. Isso já gera um outro movimento, de um pessoal que está entrando no podcast agora por conta desses canais. E o que era o *Nerdcast* antes vira o *Flow*, o *Podpah*. Aí eles viram assim: "Pô, o podcast tá fazendo sucesso agora".

Não, podcast faz sucesso há muito tempo. Podcast é o áudio. O que importa é a conversa, a experiência. É engraçado como o podcast, daqui a pouco, vai completar vinte anos, mas ainda há uma confusão de referência no imaginário coletivo das pessoas. Podcast é aquilo que eu vejo no YouTube, é aquilo que eu ouço no Spotify, o que é exatamente? Tem que ter o vídeo ou não tem? Isso é audiodocumentário? Eu acho ótimo, quanto mais debate melhor. Eu só quero continuar produzindo as minhas histórias e ter gente ouvindo.

Mas é curioso como essa discussão de formato tem sido recorrente...
Apesar de eu brincar que é uma discussão inútil e que o que importa é as pessoas terem acesso ao conteúdo, eu tenho uma enorme resistência em considerar o *Flow*, por exemplo, um podcast. Eu acho que eles são um canal do YouTube muito bem-sucedido, de entrevista e de programa. Pronto, acabou, não precisava ser outra coisa. Vou dar o exemplo do *Projeto Humanos*, mesmo. Eu uso o *Projeto Humanos*, o programa de áudio, como plataforma principal. Você tem que assinar o feed, tem que ir lá para o Spotify ou qualquer coisa, ou então acessar o site, mas você vai usar o player ali. A hierarquia é o áudio. E os conteúdos em vídeo que eu coloco na biblioteca, na enciclopédia do *Projeto Humanos*, por exemplo, do "Caso Evandro" em específico, eles são auxiliares ao áudio. E o que eu vejo no *Flow* e *Podpah*, que têm seus méritos inquestionáveis, é que essa hierarquia é invertida. Vejo que o canal do YouTube é o mais importante, ele é o principal. E aí, por acaso, eu distribuo também isso.

Rogério Montanare
Rapaduracast

De 2000 até 2014, o podcaster trabalhou na área administrativa de um clube em São Paulo. Nesse período, acompanhou, apenas como seguidor, algumas de suas maiores paixões: o cinema, o site *Omelete* e o ainda emergente universo de podcasts. Depois de experiências que não deram certo, vivenciou uma situação inusitada que mudou seu destino e lhe rendeu um convite para trabalhar no *Cinema com Rapadura* e, consequentemente, no *Rapaduracast*. Em 2017, durante uma coletiva de imprensa com o ator Hugh Jackman, ele ofereceu uma rapadura para o ator, que entrou na brincadeira. O resto é história, que ele mesmo conta no papo a seguir.

Qual foi a primeira vez que ouviu falar de podcast e o primeiro contato que você teve com o formato?
Foi com o *Omelete*. Acompanhava desde 2000, e meio que embarcava em tudo que eles propunham de conteúdo. Quando começaram no podcast, comecei a escutar. Eu vi que, inclusive, o material deles de podcast não era nada. Quando descobri o que era podcast de verdade, abriu total a minha mente. Tipo o do *Jovem Nerd, Rapaduracast, 99vidas*...

E quando você começou a trabalhar mesmo com podcast?
Até 2014, eu trabalhei no escritório de um clube de São Paulo, mas desde adolescente sonhava em trabalhar com

cinema. Só que é difícil e complicado entrar nesse mundo. Na época dos blogs, eu criei um blog que não foi para a frente. Aí, em 2014, eu já estava muito de saco cheio do que eu fazia, e pensei: "Vou me enfiar nesse negócio aí". Montei um site e fui procurar tutoriais para fazer um podcast. Saí desse trabalho na loucura total, investi o dinheiro nesse projeto e fiz o podcast.

Qual era o nome?
Chamava *L3PCast*. Era um programa que, basicamente, falava sobre músicas e coisas do mundo nerd. Foi um verdadeiro fracasso, mas me serviu para aprender a trabalhar com a mídia. Aprendi a editar e tudo mais. Daí para a frente, comecei a participar de outros projetos.

E quando você começou a trabalhar com o *Cinema com Rapadura*?
Eu terminei esse projeto, decidi abandonar, porque já estava gastando muito mais dinheiro do que ganhando. Só que nesse meu projetinho, uma das vezes, estava numa feira de videogames em São Paulo que se chama BGS, estava com o microfone, e aí passaram uns caras, também com microfones, e eu conversei com eles. Era um site chamado *Vitamina Nerd*. A gente acabou fazendo amizade e, quando eu desisti do meu, eles falaram "vem aqui trabalhar com a gente". Aí eu fui, obviamente ganhava nada e tal, mas ali eu também aprendi muita coisa. Por exemplo, comecei a entrar em contato com as produtoras de cinema, com as distribuidoras, ir para cabine de imprensa. Aproveitei que estava ali para procurar contatos e fazer esse caminho. Nessas, abriu uma chamada para trabalhar com o Jurandir, no *Cinema com Rapadura*. Passei no teste; me diferenciei porque eu já tinha esses contatos e isso acabou dando certa visibilidade.

E teve uma situação curiosa que chamou ainda mais atenção para o seu trabalho...
O grande passo que eu dei e acabei indo para os podcasts acontece em 2017, quando o Hugh Jackman veio ao Brasil e eu fui na coletiva de imprensa. Como eu tinha amizade com a pessoa que fazia a parte da imprensa, ela me deu a primeira pergunta. Eu levei umas rapaduras em uma caixa de presente e um desenho que minha filha fez do Wolverine. Na hora da minha pergunta, eu falei para ele que tinha levado a rapadura e ele falou: "Vem aqui". Ele mostrou a rapadura, adorou, mostrou o desenho da minha filha. É uma bobeira que me deu certa projeção, e aí eu acabei entrando para a equipe, para trabalhar com a parte de conteúdo. Já fui para o podcast do *Cinema com Rapadura*, e eu também tinha um podcast dentro dele que era o *Rapadura News*, um semanal de notícias.

Além de ter essa veia de produtor de conteúdo, você trabalha comercialmente o *Rapaduracast*. O que você tem percebido com o amadurecimento do mercado sobre o poder do podcast como plataforma para aproximar pessoas e marcas?
Antes de entrar nesse mundo, ouvia dizer que o ano X era o ano do podcast, o ano Y era o ano... todo ano era o ano do podcast. Até que um dia ele chegou de verdade. Eu sempre agradeço à Globo. Tantos anos a galera trilhando esse caminho... O Jovem Nerd, por exemplo, é meio que um estranho no ninho, porque está desde sempre lutando e conseguiu chegar onde queria antes de a Globo entrar no formato. O *Rapaduracast* também tem uma trajetória dessas, mas o *Jovem Nerd* tem uma facilidade de conteúdo muito maior, porque pode falar sobre qualquer coisa. Mas a Globo, quando entrou, em 2019, fez com que pessoas que não tinham a menor ideia do que era um podcast procurassem saber. Foi um ano

de muito sucesso comercial, inclusive para a gente. Foi uma virada. Claro, tem marcas que ainda estão paradas no tempo. A mídia é muito diferente.

Em que sentido?

Eu costumo dizer que, quando as pessoas estão ouvindo podcast, é como se estivessem escutando os amigos, em momentos de intimidade. O cara está lavando louça escutando a gente, lavando o quintal escutando a gente, na cama escutando a gente. Então, se você sacar uma propaganda extremamente comercial, como é, por exemplo, na televisão, você dá uma quebrada nessa proximidade do ouvinte com o criador de conteúdo. E ela empaca, a sua propaganda não vai para a frente. E às vezes é difícil de a marca entender isso, que as coisas têm que ser feitas de uma maneira diferente dentro do podcast. Mas, tirando isso, eu acho que melhorou demais. Eu diria que, se não fosse a pandemia, talvez hoje a gente estivesse ainda melhor, principalmente nessa relação entre marcas e criadores de conteúdo.

Quais são os formatos alternativos mais interessantes de inserção de marca ou de ação de marca dentro de um podcast?

Tem gente que sugere, por exemplo, falar sobre a marca durante a conversa. Eu não curto, porque fica me parecendo aquela cena de novela: o cara vai fazer a propaganda do carro e aí, na cena, a pessoa vai para o carro de propósito, entra e fala "ah, eu quero dirigir agora" e mostra a marca do carro. Você se sente meio enganado. Então, a gente dá uma evitada. Se você, por exemplo, faz um podcast temático, que é algo que a gente tem feito bastante, que tem um motivo para aquele tema que não seja somente a propaganda, é incrível. Porque a pessoa, além de escutar o episódio patrocinado, vai agradecer à marca por trazer um conteúdo bacana. Essa é a nossa busca o tempo todo.

E tudo sinalizado.

Sim. Toda vez que a gente vai fazer um episódio temático que, obviamente, tem o seu spot, não é escondido. Às vezes, a marca pede: "Será que não podia ser mais para o meio?". Eu explico que, se for mais para o meio, a galera vai se sentir enganada, e aí vai reverberar contra a própria marca, ficar um gosto azedo para o ouvinte. E é exatamente o oposto do que a marca está me contratando para fazer. Então, a gente tem um espaço para o spot, que as pessoas já sabem onde fica e tudo mais. A gente coloca com muito conteúdo que tem a ver com o que a marca está pedindo. Acho que essa é a grande sacada. E a gente também faz spots soltos. Mas é uma outra coisa que eu também peço sempre para o cliente: não vir com um spot.

Por quê?

O problema é que se o cara, naquele dia, não quer ouvir propaganda, ele não ouve a sua marca. Então, tem que fazer um trabalho um pouco melhor. Tentamos montar pacotes para que as pessoas sejam impactadas de alguma forma. Se ela não ouviu no podcast, vai ver no Instagram, nos stories, ou em mais de um spot... Estou tentando sempre trabalhar esse tipo de associação da marca para alguma coisa boa, e nunca para algo ruim ou comercial demais.

E a recorrência é importante, né?

Total. O que a gente faz aqui, na real, é o seguinte: se fizer uma propaganda, vai custar tanto; se fizer duas, vai custar tanto mais um desconto. Porque a questão não é só o dinheiro em si, eu quero que você volte. Não adianta fazer um spot e falar "não deu certo". Tipo, não teve nenhum trabalho para dar certo, aí não vai dar mesmo, não é um spot solto. Você já viu alguma propaganda na Globo que passou só uma vez e nunca mais? Ninguém vai fazer isso. É jogar dinheiro fora. Então, a gente está sempre tentando montar esse tipo de pacote para que todo mundo saia feliz. Gosto muito quando o cliente sai feliz e agradecendo. Mando prints das mensagens de ouvintes comentando e agradecendo à marca por ter trazido tal conteúdo para o podcast.

Quando você vai prospectar ou é abordado, quais cases destaca positivamente?

Um é recorrente desde 2018, que é o Telecine. Primeiramente, começamos a fazer um trabalho mais tímido de spot, e aí depois criamos uma campanha com eles sobre clássicos da cultura pop, como *Tubarão, Indiana Jones*... A gente resgata esses grandes clássicos da cultura pop que todo mundo ama, mostra lá no catálogo deles - e a gente tem uma *cinelist* nossa dentro do aplicativo deles - e faz podcasts temáticos. Muita gente começou a escutar e a pedir não para nós, mas para o Telecine, quais filmes queriam no podcast. Ficou muito associado o tema de clássicos da cultura pop com o Telecine. E a galera começou a assinar para assistir aos filmes. É um projeto de longa duração e já estamos trabalhando na renovação para mais tempo de parceria.

Mais algum exemplo?

Outra que funcionou muito bem foi com a Fanta. A marca estava com uma propaganda de "isso é muito Fanta", algo assim. Em vez de falar que era uma coisa muito boa, muito legal, que chamava muita atenção, a gente falava que era muito Fanta. Na época, eles queriam associar a marca ao Oscar de 2020, quando a gente não sabia que o mundo ia acabar ainda. E foi um trabalho incrível, foram dois meses com vários programas falando isso. No final do podcast, a gente fala muito: "Ah, eu dou uma nota oito", por exemplo, e a partir da nota oito, para um filme, a gente chama de Rapadurizar, o que quer dizer que o *Rapadura* recomenda. A gente trocou o "rapadurizar" por "isso é Fanta". Também associou legal, a marca ficou muito feliz com os resultados.

E por que esse mercado nerd deu tão certo em podcast, na sua opinião?

Acho que é legado. Não foi de uma hora para a outra. É a construção. O *Jovem Nerd* tem dezesseis anos, o *Rapaduracast* tem dezesseis anos, o *99vidas* já tem onze anos. É uma galera que está fazendo trabalho há muito tempo, ganhando muito pouco, ou quase nada, durante muitos anos. E aí, hoje, são os louros de todo esse trabalho. O Spotify veio nos procurar e estávamos falando sobre números com eles, mas a gente tem uma porcentagem baixa de downloads dentro do Spotify. Qual o motivo? Porque a galera está escutando nos seus aplicativos antigos de podcast. É um hábito. Por mais que seja mais fácil dar um play no Spotify... Está estabelecido, o cara bota o aplicativo dele pra baixar no automático. Tem gente que escuta no site ainda, cara. Acho que a gente tem que agradecer o trabalho dessa galera que veio de trás, porque sem ela, a Globo não teria descoberto o podcast. Esses caras que começaram lá atrás e batalharam pra gente chegar onde chegou merecem todas as glórias e os louros. Pena que um monte de gente ficou no caminho.

Você acha que a questão da métrica de audiência continua sendo o grande desafio do mercado de podcast, em termos comerciais?

Acho que a maioria das marcas ainda está muito presa nesse negócio da audiência em si. Por mais que você explique que o podcast tem essa proximidade, que faz com que o ouvinte tenha uma interação muito grande com a marca, em engajamento, principalmente. É difícil, às vezes, para a marca entender isso, que o número às vezes é menor, mas o engajamento é muito maior do que em qualquer outro lugar que você for fazer a sua mídia. Por exemplo, no Instagram, que o cara só fica assim, passando a tela, ele viu, mas não viu. No podcast, é difícil você se abster.

O que você imagina para um futuro próximo desse mercado de podcast?

A gente está com esse mundo mesacast, que é muito bom para os criadores de conteúdo, mas acho que não dá para se manter porque é muito baseado nos convidados, e não em quem está realmente apresentando. E eu acho que o podcast tem muito esse negócio de você se apegar a quem está apresentando. Como todas as modas, elas passam. Acho que os que estão bem estabelecidos vão se manter. O *Flow*, por exemplo, vai se manter, porque já está firmado no mercado. E eu acho que a tendência dos podcasts é só crescer, ainda mais com muita gente vindo desses outros podcasts. Por isso, não posso falar pejorativamente desses caras porque estão trazendo gente. Às vezes confunde porque o cara fala "ué, cadê o vídeo de vocês?". Aí a gente diz: "Não, gente, aqui é podcast das antigas, não tem vídeo". E acho que as marcas não estão perdendo a fé no podcast, muito pelo contrário. Então, vida longa ao podcasts.

Paulo Ozaki
Agro Resenha

Natural de Mato Grosso e fundador do *Agro Resenha*, Paulo Ozaki descobriu o podcast quase por acaso, numa fazenda no Pará. Na mídia, ele encontrou, primeiro, uma forma de se informar e se entreter num local sem acesso contínuo a internet, televisão ou telefone. Depois, o podcast virou companheiro de estrada, um hobby sério e profissão. Com quatro anos de experiência como podcaster, o agrônomo, que já trabalhou com marketing, agora está se profissionalizando e expandindo sua empresa de produção de conteúdo.

Como foi seu primeiro contato com podcasts?
Em 2013, eu trabalhava numa fazenda no Pará e não tinha internet boa, televisão era só na sede e até telefone pegava mal. Nessa época, um consultor da fazenda perguntou se eu conhecia podcasts. Comecei a escutar meio que direto. Eu baixava os episódios na sede, no final do dia pegava o celular, ia para o alojamento e, antes de dormir, escutava um episódio.

O *Agro Resenha* foi o primeiro podcast agro? Como surgiu a ideia?
No formato de podcast, do jeito que a gente conhece, foi o primeiro. Naquela época, tinha algumas coisinhas, mas não com frequência. Voltei para casa em Mato Grosso, estava

escutando muito podcast em 2017, e nessa pira de fazer algo fora do meu trabalho formal. E aí foi escutando um podcast que me deu a ideia de fazer um. Da concepção ao primeiro episódio, foi um mês. Lembro até hoje, o lançamento aconteceu no dia quatro de setembro de 2017. Começou na cara e na coragem, mesmo.

Qual foi sua trajetória profissional antes disso?
Me formei em agronomia na Esalq, uma escola vinculada à Universidade de São Paulo. Sempre me envolvi com a parte de produção, fiz estágio em zootecnia, mexendo com produção de ruminantes, especialmente produção de leite. No final da graduação, surgiu uma oportunidade de fazer um estágio num centro de pesquisa em economia aplicada e, depois, de trabalhar com o mercado de pecuária de leite, no Centro de Estudos Avançados em Economia Aplicada, o Cepea. Naquela época, no fundo, eu já produzia conteúdo; mais técnico e bem direcionado, com a mistura entre acadêmico e mercado. Mas comecei a escrever bastante. Após quatro anos no Cepea, surgiu a oportunidade de ir para o Pará. Saí da economia e voltei para a parte produtiva, na fazenda. Depois de alguns meses, voltei para o Mato Grosso e trabalhei numa empresa de nutrição animal. E aí voltei para a economia, dessa vez no Instituto Mato-Grossense de Economia Agropecuária. Fizemos várias coisas, como a Startup Week. Foi ali que minha mentalidade mudou.

Por quê?
Porque eu era bastante cartesiano: trabalhar, trabalhar, trabalhar. E foi ali que me *startou*: a gente conseguiu tirar um negócio da ideia em setenta e duas horas. Comecei a pensar em fazer alguma coisa. Isso era 2015. Eu já estava

procurando essa "alguma coisa", e foi só em 2017 que tirei o podcast do campo das ideias. Depois, já no início de 2019, surgiu a oportunidade de voltar para a empresa de nutrição animal. Me chamaram para gerenciar uma parte de grandes clientes e me envolvi no marketing, mas tocando o podcast concomitantemente.

E quando decidiu abraçar somente o podcast?

Chegou um momento em que o podcast estava dando trabalho pra caramba. Juntando os dois, eu praticamente não dormia. E aí, tive que decidir sair da empresa e assumir o podcast 100%. Não foi uma decisão fácil e dependia de várias coisas, especialmente [da parte] financeira. O segundo filho estava chegando.

E, a partir daí, surgiram outras coisas do podcast?

O podcast é a ponta do iceberg. A Agro Resenha é uma empresa de mídia e de conteúdo. Estou fazendo bastante coisa, também, em outras atividades, outras mídias, redes sociais... Tenho prestado serviço para empresas na parte de marketing digital, também. Estou formatando um modelo de negócio de mídia e conteúdo. Isso está possibilitando o sonho de viver da arte.

Quando você começou o podcast, qual era o grande objetivo? E de que maneira isso foi se transformando na jornada?

Gosto muito de ler livros de negócio, de empreendedorismo e biografias. E percebi que existe uma similaridade entre todo mundo que fez sucesso. Os caras começaram pequenos, só que fazendo um trabalho diligente, se aperfeiçoando ao longo do caminho. Quando comecei o podcast, tinha uma dor genuína: a gente se comunica bem mal no agro. E eu tinha essa ideia de que o podcast seria uma ponte de comunicação entre o pessoal que vive do agro e o que não. E, para minha surpresa, aconteceu.

A que você atribui isso?
Acredito que é um podcast bem-humorado, que traz um conteúdo bacana, nada muito aprofundado, justamente por essa abordagem. Como era o primeiro, eu não fiz o nicho do nicho. Peguei o agronegócio como se fosse um nicho, mas, na verdade, o agronegócio é massivo. Então, comecei o podcast como uma maneira de ouvir histórias de pessoas que trabalham no agronegócio, de todos os elos: o produtor rural, o cara da indústria, o cara dos insumos, o cara que vende coco na praia. As pessoas ainda não têm noção que o agronegócio permeia tudo. Surgiu como uma atividade extra, não para ganhar dinheiro, naquele momento.

E quando isso mudou?
Fiz um planejamento para ganhar grana com podcast, de dez anos. Falei "o podcast vai me dar uma autoridade que eu posso, no futuro, fazer palestra, lançar um livro...". Então, comecei o negócio por prazer, mesmo. Mas era um hobby sério. Desde a primeira semana, eu tinha o mídia kit e planilha com todas as coisas. Sempre tratei como hobby sério. E eu me divirto fazendo essas paradas.

Como foi a evolução do *Agro Resenha*?
Fui fazendo, melhorando, comprando microfone, mas fiz muita besteira... Porque, imagina, 2017 parece que foi ontem, mas não existia tanta informação sobre podcast como hoje. Eu não sabia como era, o que tinha que fazer, gastei uma nota. Mas o negócio foi melhorando, até que surgiram as oportunidades. Eu não imaginava que empresas iam me

procurar. O primeiro contrato que eu fechei foi, mesmo, em 2019. Querendo ou não, foram só dois anos. Eu imaginava isso em uns sete.

Você sempre acreditou na conexão do mercado agro com podcast?

Eu via que o agronegócio e os podcasts tinham muita sinergia. As pessoas que trabalham no agro viajam demais. Eu era um desses caras, vivia no carro, rodava três, quatro mil quilômetros por mês. Essa é a vida de muita gente que trabalha no agro. Na hora em que começa a entender que pode escutar podcast, aí vira o jogo.

Como você pegava os dados de audiência em 2017?

Quando comecei, não entendia de nada, fui pelo mais fácil. Sabia que tinha como fazer um feed manual, mas decidi pagar o SoundCloud para hospedar, era cento e vinte reais por ano. Me atendeu bem. Eles tinham a parte com acesso aos dados e estatísticas. Comecei a ter uma noção melhor de como funcionava, o que era play, o que era o download, a audiência... Em 2018, rolou o Google Podcasts, acho que em 2018 ainda o Spotify entrou na jogada. E aí, em 2019, a Globo entrou pesado nos podcasts. Inclusive foi nessa época que começou a chover proposta, porque, quando a Globo começou a fazer, todo mundo foi atrás para entender. Quando entraram outras plataformas de streaming que tinham modelos diferentes, as métricas eram separadas. Aí tinha que pegar os dados do SoundCloud, depois tinha que baixar os dados do Spotify... Aí, na hora que veio a solução [da OMNI], ajudou bastante a vida da gente como produtor de conteúdo, na análise de dados e até na forma de colocar esses dados no mídia kit.

O que mudou com esses conhecimentos?
No início, eu imaginava que um podcast de quinze minutos era o máximo que podia ser. Mas fui percebendo que não é assim. As pessoas falam que não param para escutar por meia hora, mas elas não têm isso na rotina, não entendem como encaixar. No início, meus episódios eram de dez, doze minutos. Eu falei "cara, não tem como eu contar a história de ninguém. Vou chamar o cara para conversar e ficar dez minutos?".

E em relação às métricas?
Acho que a mídia tem evoluído bastante. E acho que, à medida que as métricas evoluírem, as empresas vão apostar mais. Hoje, as empresas tendem a apostar no nome da pessoa. Percebo, por exemplo, que as empresas que vêm comigo falam assim: "Pô, vou porque é o Paulo". Mas, à medida que essas informações forem melhorando, vamos conseguir chegar nos anunciantes de maneira diferente.

Então, na sua visão, hoje é mais a personalização do podcaster do que exatamente o podcast como produto o principal atrativo para as marcas?
Sem dúvida, eu acredito nisso. É muito comum as empresas chegarem até mim porque o funcionário falou que escutou e achou legal.

Como o *Agro Resenha* tem impulsionado a sua vida pessoal e profissional?
Quando voltei para a empresa, em 2019, uma das coisas que eles falaram foi sobre minha capacidade de me comunicar, porque eles precisavam conversar com os produtores e com o mercado. Vejo que o podcast é uma baita de uma ferramenta para se diferenciar e ganhar autoridade em determinado

assunto. E um dos diferenciais do podcast é ter acesso a gente a que você não teria se não fosse isso. Então, abre portas que você não imagina. E, fora isso, fiz muitos amigos.

Isso vai ao encontro daquela questão de as pessoas buscarem o podcaster.

Acho que sim, cara. É o potencial de diferenciação. Se as empresas buscam a pessoa, é justamente você se colocar ali, nu, ser você mesmo. Porque de nada adianta você fazer um podcast mecânico. Tem que ser você, não dá para vestir máscara. Óbvio que você vai melhorando. É um treinamento de falar, se expressar e pegar as palavras certas. A gente, quando é meio inexperiente, é difícil colocar as palavras num contexto que faça sentido. E, à medida que vai treinando, vira até um bom orador. Você tem as palavras, consegue fechar o raciocínio. E isso é visto com muito valor pelo mercado.

Como é sua estrutura para o podcast?

Estou no momento da dor do crescimento: muda o enquadramento da empresa, começa a faturar mais, tem que pagar mais imposto... E você não tem tempo para fazer as coisas, está no limiar de contratar uma pessoa ou não. Até hoje, vim na minha "euquipe". Mas já estou sentindo a necessidade de ter gente comigo. Primeiro, que temos que pensar na nossa sanidade mental. São muitas responsabilidades.

É tudo centrado no podcaster.

O complicado do podcast é que você não tem *equity*, você não consegue delegar muitas coisas. É o seu jeito de fazer o roteiro, de fazer entrevista, de gravar... É você. O *Agro Resenha* sou eu, não tenho como colocar o José para gravar porque o Paulo está sem tempo. Não existe isso. É diferente de uma empresa, em que você põe alguém no lugar para fazer um trabalho. Então, provavelmente até o final de 2021, devo contratar pelo menos um estagiário para me ajudar. Hoje, faço todo o processo de pré-produção até a gravação. Tem uma pessoa que edita para mim, e depois a parte de postagens eu faço também.

Quais são as fontes de receita do podcast?

Basicamente, o business do *Agro Resenha* é o mercado B2B. A esmagadora maioria da receita do podcast vem de patrocinadores. Os que vêm para expor a marca ou para produzir conteúdo comigo. Particularmente, gosto muito desse segundo modelo – me deixa meio doido, às vezes, mas é o que eu gosto mais de fazer. Tem os anúncios dinâmicos, uma parte pequena do faturamento, e tenho um infoproduto que é a mentoria para podcasters. Percebi que muita gente estava querendo tirar o seu podcast do papel, e às vezes faltava o ferramental e também algumas estratégias. E tem outra forma que estou estudando, que é um programa de assinatura oferecendo conteúdo extra para assinantes. Além disso, estou usando o podcast para prestar outros serviços, como de marketing digital, tanto para o *Agro Resenha* como para algumas empresas pra quem já presto assessoria. Tudo gira em torno da produção de conteúdo na internet.

Como foi o case "O Agro é Rock", com a Toyota?

O projeto é o embrião do *Agro Resenha*. Ele começou antes de eu saber que ia ter um podcast. O primeiro projeto que eu empenhei esforço para fazer foi a ideia por trás de "O Agro é Rock", que foi contar a história dos produtos de um prato feito. Queria fazer isso com várias cadeias agropecuárias no canal do YouTube, mas percebi que ia dar muito trabalho, porque imagina eu fazer vídeo... E aí, na hora que surgiu a ideia, falei "cara, tenho um projeto pronto aqui, é só executar", que era esse. E foi batata, deu certo, a Toyota apoiou. A ideia era viajar com o carro por todas as fazendas e todos os produtores, mas por conta da pandemia não deu certo. A gente gravou na distância mesmo e foi muito legal, também. O meu primeiro projeto ia se chamar "Mochileiro do Agro", eu ia sair de mochila visitando os produtores. Essa era a ideia. E aí virou "O Agro é Rock".

Nesses quatro anos, você já passou por muitos aprendizados. Como você enxerga os próximos anos?
Vão surgir cada vez mais podcasts. Numa busca, parece que já tem mais de mil podcasts de agro no Brasil. Isso me deixa bastante orgulhoso, porque muita gente começou depois de escutar o *Agro Resenha*. E, para o futuro, vejo que o podcast vai estar cada vez mais envolvido no modelo de negócio de estratégia comercial das empresas do agro. A única coisa que eu vejo que vai ter que mudar nas empresas é tentar não ser tão formal como no dia a dia. Porque é a proximidade, a humanização da marca, que faz com que as pessoas consigam entender o verdadeiro propósito do negócio. Também vejo que o podcast só tende a crescer do ponto de vista de consumo. Porque é um consumo em que a pessoa consegue fazer outras coisas enquanto está escutando. E os podcasts também vão se profissionalizar, agora está um boom.

Muita gente entrando no mercado.
Acho que os próximos anos vão ser a separação do joio e do trigo. Olhando para minha área, entraram muitos podcasts que estão fazendo acontecer, só que o resultado é de longo prazo. Muita gente já me procurou perguntando se podcast dá dinheiro... Se entrar com essa visão, vai desistir, porque não dá, no primeiro momento. Você precisa criar uma au-

diência, precisa que as pessoas enxerguem você como uma referência naquele negócio, até conseguir, de fato, monetizar o seu projeto. Então, eu acho que vai rolar uma profissionalização. Até a minha migração para tocar esse negócio 100% é um pouco disso. Quero me profissionalizar nesse negócio. Porque, enquanto você trabalha e faz isso aqui, ainda é amador. Minha ideia é profissionalizar, porque vejo que o futuro vai ter muitos podcasts bons.

Rogério Coimbra
Mundo Agro

Um dos hosts do *Mundo Agro*, o comunicador e professor Rogério Coimbra, começou a ouvir podcasts por acaso e viu naquele companheiro de estrada uma nova forma de aprender e devolver conhecimento. Engenheiro agrônomo, ele defende o podcast como poderosa ferramenta para fomentar e expandir a educação no país, e acredita que ainda há muito para explorar no formato.

Você é engenheiro agrônomo, professor e comunicador?
No doutorado, fiz duas disciplinas de técnicas de ensino superior, algo muito pequeno quando comparado a uma pessoa que se forma num bacharelado ou numa licenciatura em educação. As técnicas de comunicação, que são mais importantes do que o conteúdo que você está dando, a gente não aprende. E eu descobri, ao longo de quinze anos como docente, que é muito importante você se comunicar direito. Comunicação é ser entendido, não a forma como você fala.

Quando você descobriu o universo dos podcasts?
No Mato Grosso, eu descobri que a rádio não funciona em todos os lugares. Um amigo do agronegócio, o Fernando Din-Din, falou: "baixa podcasts", e mostrou o *Presidente da Semana*. Depois, eu já engatei no *Nerdcast*, alguns de tecnologia e assim por diante. Viajava muito, antes da pandemia. Fazia

mil, mil e duzentos quilômetros em um dia. E nem todas as estradas têm sinal de rádio, então o podcast resolveu isso. E o bacana é que o podcast ensina muita coisa. Você consegue selecionar os temas. E isso, assim, entrou na veia.

Especificamente sobre o *Mundo Agro*, quando surgiu a ideia de desenvolver um podcast próprio?

Em 2018, eu já estava dando palestras, aparecendo um pouco mais nos eventos, e um rapaz aqui de Sinop, um engenheiro agrônomo, estava montando um projeto de um canal no YouTube com entrevistas e me convidou para falar sobre o mercado de trabalho no agronegócio. Esse rapaz é o Gustavo Avelar, que é host do podcast *Mundo Agro*. Gravei, gostei muito da forma que ele puxou a conversa, ficamos amigos e começamos a conversar muito. Um dia falei: "Nossas conversas são muito produtivas, falamos de coisas que poderiam servir para outras pessoas. Sou fã de podcasts. Vamos fazer um com esses bate-papos?". Ele não sabia o que era podcast. Isso foi final de outubro. Em 19 de novembro, eu subi o primeiro episódio, na época, no SoundCloud. Depois só cresceu.

Já tinha algum podcast parecido ou você havia detectado uma demanda de audiência para esse tipo de conteúdo?

Sim, já tinha. Eu era ouvinte de podcasts famosos, como o *Agro Depende*, de dois amigos meus do Rio Grande do Sul, o Cassiano e o Eduardo Sebastiani, o *Papo Agro*, do José Netto, da Lorenna Meireles e da Kezia Gonçalves, e o *Agro Resenha*, do Paulo Ozaki. Sempre ouvi esses podcasts, estavam na minha playlist para download automático. Me inspirei neles, sim. O conteúdo que eles produzem é muito bom, e eu achei legal que havia espaço para outros. Mas o que me chamou atenção é que eram poucos os podcasts que tinham continuidade. Eram lançados e interrompiam a produção, porque não é fácil. Eu uso o período da noite para trabalhar no podcast, e hoje estou com alguns auxílios para desenvolver isso, porque sozinho eu não dou conta mais, não. E é legal, porque isso ajuda a gerar emprego.

Isso também faz parte do processo de maturação do podcast como profissão, né? Porque muita gente ainda encara o podcast como um trabalho extra.

Quando comecei, a ideia nunca foi tornar um negócio ou monetizá-lo. Todo o investimento fiz de recurso próprio. Mas, quando lancei o primeiro, deixei gravados alguns, já preparados, e fui de férias pra São Paulo. Quando estava voltando, ainda na estrada, recebi a ligação de uma agência representando uma fábrica e montadora de tratores no Brasil, perguntando se a gente aceitava patrocínios no podcast. Aquilo me pegou extremamente de surpresa, eu não sabia como funcionava.

Por causa da universidade?

O *Mundo Agro Podcast* faz parte de um projeto em Agricultura, Produção e Tecnologia de Sementes o qual eu coordeno, na UFMT. E uma das vias desse projeto de extensão é a comunicação no agronegócio, através de palestras, cursos e do podcast. Então, quando nos procuraram, eu busquei a fundação e a universidade para saber como que isso poderia ser feito. Também era novo para eles. Demorou um pouco, mas nós conseguimos tramitar isso para ter alguns apoiadores que fomentassem o desenvolvimento.

Quem é o público do *Mundo Agro*?

De início, a gente achava que era um nicho específico: meus alunos, alguns engenheiros agrônomos e assim por diante. É uma parte bem importante do nosso público, mas nós temos desde pessoas que moram na cidade que têm interesse no agronegócio. A gente atinge o público do mercado agro, mas também pessoas que não são do agronegócio e têm interesse em entender como funciona.

Como você mede e quantas pessoas o *Mundo Agro* atinge hoje?

Essa era uma grande preocupação que eu tinha, porque vivemos nesse mundo digital muito preocupado com números. Hoje, com o Omny Studio, eles conseguem reunir todas essas informações, mas eu ainda acho que não pega tudo que você imagina. A métrica é muito importante, mas o podcast como forma de comunicação ou de divulgação, o tal do *branding*, deixa a métrica de lado. O importante do podcast é a fidelização de quem ouve.

Como o público lida com a questão das marcas?

Quando uma empresa resolve anunciar ou apoiar um podcast, a audiência espera ouvir a indicação de produtos, empresas ou serviços aos quais congregam o mesmo valor de quem produz aquele podcast. E isso eu acho que é uma grande sacada, porque você passa a falar de valores de marcas, como seriedade, qualidade, atendimento, e não só de venda. A pessoa que só entra e vê nem sempre vai ser um público-alvo. O ouvinte assíduo, aquele que espera pelo conteúdo, esse fideliza. E, quando você liga isso a uma marca, ela vai entrando na cabeça da pessoa pela ação conjunta desses conteúdos.

Então o que mais interessa para a atração de negócios é o engajamento, a capacidade dele de fidelizar quem ouve?

Essa é a filosofia. E estou entendendo, ainda, isso. Mas no início eu ficava muito preocupado com números. Em podcast, você não precisa, ainda mais quando nós falamos de nicho.

É muito mais interessante você ter duzentos, trezentos, quinhentos ou vinte engajados do que dez mil ouvintes que passam por ali só por curiosidade.

Como o *Mundo Agro* tem impulsionado a sua vida pessoal e profissional?

Pessoalmente, eu acredito que estudar para poder entrevistar as pessoas faz com que a gente saia da nossa zona de conforto. A minha área de trabalho é ciência e tecnologia de sementes, de grandes culturas, principalmente soja. Mas eu converso com pesquisadores que falam sobre microbiologia de solo, ou da área de tecnologia, que falam sobre o uso de drones na agricultura. Para o bate-papo, a gente tem que estar inteirado, isso nos força a estudar e nos dá um crescimento pessoal muito grande. Além disso, tem os contatos. Muitas pessoas que eu achava ser impossível acessar, consegui conversar. É aquela ideia de que com três telefonemas você conversa com qualquer pessoa no mundo. E funciona. Isso nos dá um ganho cultural muito grande. E para finalizar, o terceiro ponto, conhecer e trabalhar com novas tecnologias. O podcast me fez entender o que é a voz, aprender como respirar com diafragma, falar com diafragma, e não com a garganta, entender o que é um software de gravação, o que é uma onda sonora, o que são picos. Para quem gosta de estudar, é fantástico.

Como é a estrutura do *Mundo Agro*?

Em termos de equipamento, é simples, mas o legal é que as soluções tecnológicas, hoje, são diminutas e dão uma possibilidade de trabalho muito boa. Inicialmente, comecei gravando com o celular e com o computador. O perfeccionismo me fez ir atrás de um gravador, comprei microfones simples para gravar presencialmente e um fone de ouvido bom. Em termos de equipe, inicialmente, era eu. Eu produzia o roteiro, gravava, editava. Hoje, ainda edito alguns podcasts, porque isso me faz ter um escape mental, mas tenho um editor que trabalha comigo, de São Paulo. Os agendamentos, às vezes, eu tenho alguns alunos que ajudam no projeto, mas não são fixos. E a parte de arte de capa, eu faço algumas e tem um rapaz que me ajuda quando estou mais apertado.

Você vê uma possibilidade grande de geração de empregos?
Sim. Porque o podcast cresce e se desenvolve, e chega um momento em que o host tem que se preocupar mais em fazer isso, gravar e entrevistar. Para a parte de produção, em si, é mais fácil você contratar pessoas especializadas e dar oportunidade de emprego. Em conjunto, tudo sai mais bacana.

Como funciona o desenvolvimento das pautas e a escolha dos entrevistados?
Temos um software de gestão de agendamentos e de fluxo. Temos uma coluna que é de ideias, e toda semana nós lançamos ideias de quais são os temas em pauta no momento. Também atendemos muito o que os nossos ouvintes pedem, empresas que mandam sugestões por e-mail, além de parcerias.

Por exemplo?
Temos uma parceria muito forte com a equipe de jornalismo da Embrapa Agrossilvipastoril, principalmente na pessoa do jornalista Gabriel. Sempre ligo para ele pedindo algumas sugestões de tecnologias ou temas que a Embrapa desenvolve. E outra pauta interessante é uma série chamada "Pratas da Casa". Como eu sou docente na UFMT, universidade que tem cinco unidades espalhadas pelo Mato Grosso, sempre convido docentes para falar sobre o trabalho que eles desenvolvem. Nunca falta tema.

Como você monetiza, hoje, o podcast?
Como é um projeto ligado à universidade, não é monetizado. O podcast aceita apoiadores do projeto. Ele é cadastrado, tem um registro no sistema de extensão da universidade e o gerenciamento dos recursos de apoio desse projeto é feito pela Fundação Uniselva. Quando uma empresa pretende fazer uma parceria com o podcast, ela acessa uma chamada pública e faz a proposição. Em troca disso, nós fazemos a divulgação dessa empresa junto ao podcast. O recurso que entra serve para manter o podcast e o projeto, que tem como intuito gerar cursos de capacitação, a manutenção das estruturas do laboratório de análise de semente no qual nós trabalhamos e desenvolvemos cursos e outros projetos.

Você está participando do projeto de desenvolvimento do *S10 Cast*, pela Chevrolet, com parceria da Cisneros Interactive e da Isobar, além de apoio criativo da WMcCann. Como tem sido fazer parte desse projeto e quais são os melhores frutos dele até agora?
Olha, um grande desafio. Primeiro, uma honra ser convidado para participar desse projeto inovador e bastante desafiador. Me sinto dentro do *Mundo Agro*, podendo trazer essa gama de profissionais e pessoas ligadas ao agronegócio para falar sobre o seu dia a dia. Isso foi algo muito bacana, estou aprendendo bastante. Espero que venham outras oportunidades como essa para divulgar o agronegócio no Brasil e fortalecer quem faz parte.

No universo de pessoas do agro, como você acha que está o podcast? Você ainda tem que explicar o que é?
Nós temos que explicar, sim, muitas vezes, ao convidar um entrevistado, porque ele pergunta "onde vai passar, onde

eu posso assistir?". É um universo que tem muito a crescer. Acho que estamos vendo a pontinha de um iceberg. É uma mudança na forma de comunicação. Aquele que entra no podcast e se familiariza com o tema que gosta nunca mais sai, principalmente pela facilidade de mobilidade. É muito sob demanda, você escolhe e torna aquilo algo muito pessoal, então isso tende a crescer demais. Falando de outros nichos aqui, a gente gosta sempre de buscar. É um mercado imenso para o público que quiser.

Quais outras tendências de uso você enxerga?
Por estar ligado à universidade e saber da dificuldade que a grande maioria dos brasileiros tem em conhecer, em aprender e se capacitar, eu acho que o podcast tem aí uma possibilidade de se tornar uma grande ferramenta de educação. Nessa pandemia, nós tivemos que mudar o ritmo e a estratégia de ensino, sempre tentando manter o aluno conectado e ligado. Eu não posso exigir, nesse momento, que todos os alunos estejam na frente do computador, no mesmo momento, porque as realidades são muito distintas. Tenho alunos que moram no interior do interior de uma cidade, numa fazenda que muitas vezes não tem internet, e vêm umas duas vezes na semana para a cidade buscar o conteúdo. Então, em vez de dar aula só para o meu aluno e deixar somente na plataforma da universidade, resolvi disponibilizar on-line, em uma plataforma aberta de vídeos. Então, hoje tenho o curso inteiro de Produção e Tecnologia de Sementes e o curso inteiro de Agricultura II disponíveis para quem quiser assistir na internet. Tenho recebido feedbacks de alunos do Maranhão, do Rio Grande do Sul, de professores e colegas de profissão. O podcast facilita isso porque a pessoa não precisa nem do vídeo.

É um desafio grande tentar ensinar somente com o áudio?

É plenamente possível. Eu gravei um podcast falando sobre máquinas que colhem grãos, as chamadas colhedoras, ou colheitadeiras, com o Marcos Arbex, um engenheiro agrônomo que adora e entende dos equipamentos. Ele explicou em áudio como se regular uma máquina para as diferentes culturas. Então, é possível que um professor possa fazer a mesma coisa para ajudar na educação dos cantos mais distantes do Brasil. Talvez, daqui a uns cinco ou dez anos, voltemos a conversar e essa educação através de podcast seja uma realidade, e até um novo mercado para quem queira investir nisso.

Guilherme Figueiredo
Globo

Desde agosto de 2020 na posição de *head* dos produtos de áudio da Globo, Guilherme tem um papel de muita responsabilidade na indústria. É missão do executivo comandar as estratégias da maior empresa brasileira de conteúdo dentro da mídia, com o maior potencial de crescimento e desenvolvimento no atual contexto. Com esse papel desafiador, ele detalha os principais desafios e oportunidades para o crescimento do mercado de podcasts, que acredita ser uma jornada coletiva.

Qual é a sua visão sobre o amadurecimento do mercado brasileiro de podcasts?
Eu divido essa conversa em algumas frentes. Primeiro, o podcast é um formato que nasce de maneira completamente independente. Os criadores de conteúdo que começaram a fazer podcast lá atrás, há mais de dez anos, faziam isso de uma maneira muito independente, mas ainda sem um modelo comercial e de distribuição muito claro. Com os avanços de tecnologia móvel, de acesso à internet e de modelos de negócio como o modelo de música por assinatura e a popularização de serviços, como Spotify e Deezer, o podcast passa a ter um outro papel e outras oportunidades. O usuário está superengajado nesses serviços e aprendeu a consumir esse áudio *on demand*. E aí o formato ganha a

atenção de grandes publishers, primeiro lá fora e agora no Brasil. É um mercado que vai ultrapassar a barreira de um bilhão de dólares neste ano.

E qual é o impacto da entrada dos grandes publishers no jogo?

O mercado começa a resolver certos problemas que o podcaster independente não conseguia. Não somente os grandes publishers, mas vale chamar a atenção também para o papel das grandes agregadoras, distribuidoras e redes, como a Audio.ad e a Triton, além de outros *players*. Se há cinco anos uma marca, para comprar um anúncio em podcast, precisava ligar para cada produtor e aí, para ter escala, teria que ligar para duzentos podcasts, hoje, essas marcas estão começando a ter certos inventários mais consolidados, que permitem essa conversa mais estratégica e mais bem estruturada. Enxergamos uma oportunidade de ajudar o mercado a se organizar e evoluir, não só promovendo e chamando a atenção dos anunciantes, mas também participando desse ecossistema de agregar e montar projetos, pacotes e gerar audiências que falem com o interesse das marcas.

E o que ainda é necessário evoluir nesse sentido, para o mercado, como um todo?

Não adianta uma marca comprar apenas um podcast que tenha cinquenta mil downloads. É preciso pensar maior, ter escala. E precisamos ter alguns produtos de prateleira que sejam soluções fáceis de ser entregues também, que aí eu acho que a gente populariza a parte econômica do formato. Sem falar que, quando se está falando de uma compra direta, você tinha muitos anúncios sendo entregues de uma maneira nativa no episódio gravado. Hoje, a gente já consegue fazer entregas dinâmicas por conta da tecnologia que evolui. Então, isso também permite a troca de criativo, mais interações do ponto de vista de construção de campanha, e tudo mais. Eu acho que isso tudo vai acelerar o interesse das marcas, dos anunciantes. O interesse do consumidor só cresce. A gente sabe que a vida das pessoas está cada vez mais intensa, com mais busca por produtividade e conhecimento. Elas não querem mais estar na fila do banco, na academia ou no trânsito e não estar interagindo, se desenvolvendo. Então, acho que o podcast também fala muito com esse momento que a gente vive, multidisciplinar.

Estamos vendo um movimento muito grande dos veículos mais tradicionais, incluindo o *The New York Times*, abraçando o áudio digital. O que isso representa?
Essas linhas entre os meios começaram a ficar muito borradas. O *New York Times*, hoje, é um produto de assinatura digital, e não mais de papel. E dentro da assinatura ele pode oferecer vídeo, texto, áudio, ou clube de assinaturas, descontos, outros serviços. Estamos no comecinho dessa transformação e a gente vê esse multiverso até em outros territórios. Hoje tem marca de e-commerce comprando blog de games, por exemplo. No nosso caso, principal produtora de conteúdo do Brasil e maior empresa de mídia, não fazia sentido estar fora dessas horas de consumo para o usuário que está se engajando com áudio. No Globoplay, ele está vendo a Olimpíada de manhã, mas depois o que vamos fazer quando ele desligar e ir para a academia, sem tela para interagir? Agora ele coloca o celular no bolso e vai ouvindo *O Assunto* no trânsito para o trabalho. Então, é um jeito de estarmos ainda mais presentes na jornada do usuário. É o nosso objetivo principal.

Qual é a importância e o tamanho do segmento de podcasts na Globo hoje?

A gente não divide informação sobre os nossos resultados, assim, por vertical. O que eu posso te dizer é que a estrutura de áudio da Globo, hoje, é parte da estrutura do G1, do GE, do Gshow, do Cartola e, em certo nível, até do Globoplay. Claro que o Globoplay é muito maior, o grande carro-chefe do digital da Globo. Não estamos dando pouca atenção para o assunto, não. A gente tem um time de engenharia dentro do Globoplay para cuidar de áudio. E no total, somando todas as áreas, temos mais de trinta pessoas trabalhando diretamente com áudio digital. Sem contar que a nossa estrutura é uma vertical em que a gente atua de maneira horizontal, também. Então, tem a redação do G1, que produz para o áudio, mas não reporta para o áudio, tem o time do GE, que produz os podcasts de esporte. Há também os estúdios Globo, os canais. Se você somar esse pessoal todo, são mais de cem pessoas trabalhando direta ou indiretamente com esse tema de áudio. Então, é um investimento grande de equipe para que a gente tenha um produto, no futuro, mais relevante em termos de receita. Eu acho que é uma aposta, e estamos muito otimistas com esses resultados que vocês tão vendo também.

E qual é o balanço que você faz da maturidade dos anunciantes em relação ao universo de podcasts?

Ainda estamos atrás do mercado americano. Mas, como eu falei, estamos evoluindo. Todo ano, quando sai uma pesquisa nova lá nos Estados Unidos, a gente vê que o anunciante que comprava o anúncio gravado no episódio agora já faz a maioria das compras de forma dinâmica. Já estamos vendo uma programática explodindo por lá, mas aqui no Brasil não é uma realidade essa venda de leilão aberto. Por aqui, boa parte do que os anunciantes compram, hoje, está muito mais relacionado ao produto em si. Então, o anunciante quer comprar *O Assunto*, o *Mamilos*, o *Braincast* ou o podcast do Flamengo. E não é, ainda, uma compra de audiência em áudio, na sua grande maioria. Mas, à medida que o mercado vai evoluindo, as agências estão olhando para esse território com muito mais atenção. A nossa aposta é que esse mercado fique mais parecido com o mercado de vídeo, onde você compra tanto contextual, uma ação no conteúdo específico, mas também vai comprar inventário de mídia, porque você quer escala e muitas impressões.

E qual é a evolução mais recente, no sentido dessa comercialização, por parte da Globo?

Tivemos uma evolução, do ano passado para este. No meio do ano, já batemos o resultado do ano passado. Outra diferença legal é que no ano passado a gente vendia muita coisa em pacote, podcast dentro do pacote do BBB, do futebol e tal. Mas nos perguntávamos se o podcast já teria um valor avulso. E o que a gente confirmou é que, sim, há muito valor individual. A gente consegue vender fora de pacote bem, também. Essa já é uma dessas transformações que a gente vê acontecendo no Brasil. Não só de marcas nos procurando para comprar tudo de BBB, mas também procurando para comprar apenas o podcast *O Assunto* ou o podcast do BBB e futebol. Isso é bem interessante.

E como a Globo conduz suas estratégias de licenciamento ou produção proprietária?

A gente desenhou um portfólio no ano passado, quando iniciamos a área. Então, olhamos para pilares como sociedade, cultura, empreendedorismo, religião, cursos e treinamento, economia e tudo mais. Em alguns territórios, a Globo já era muito forte, com uma habilidade de produção muito clara, de fazer muito bem-feito dentro de casa, com os talentos da casa, e tinha outras coisas que eram menos óbvias. Pensa no podcast da Lorelay Fox, por exemplo, o *Para Tudo*. Pô, é uma personalidade. Não temos como replicar essa entrega. Então, em determinados territórios, a gente desenhou um modelo de parceria de licenciamento para distribuir. Na situação específica de "O Caso Evandro", o Globoplay já estava fazendo a série quando a gente montou a área. Foi um movimento muito natural, para a gente, licenciar toda a série. E aí, contratamos o Ivan (Mizanzuk). Esse é o único caso em que a gente contratou o talento, mesmo. E agora ele está escrevendo outros projetos pra gente, que já nascem aqui dentro de casa.

Você falou sobre "O Caso Evandro". É um podcast que vira uma série. Isso, nos Estados Unidos, acontece bastante. Como você analisa esse caminho?
Esse é um movimento muito bacana, porque você consegue testar, de uma maneira muito mais barata, o formato. E eu acho que vai acontecer muito. Acredito que uma das razões pelas quais esse movimento aconteceu nos Estados Unidos é porque as pessoas que estavam produzindo essas séries para podcast eram completamente taradas pelas histórias que elas estavam contando, apaixonadas. E os produtos são realmente muito imersivos, muito bons. E tangibilizam muito bem o potencial daquele conteúdo, quando você pensa numa série de TV, guardadas as devidas proporções. Porque não adianta, também, pegar o negócio, o produto de áudio, e achar que vai funcionar na TV. A estética é outra, o formato é outro e vice-versa. Estamos produzindo coisas em áudio que talvez fossem caríssimas de fazer para vídeo,

histórias muito mirabolantes, mas que, se forem um sucesso, podem ter uma adaptação.

Como está evoluindo a audiência de podcasts dentro da plataforma do Globoplay?
O consumo dos nossos podcasts no Globoplay chegou muito perto do consumo dos nossos podcasts na Deezer, por exemplo. Lançamos os podcasts nele na última semana de dezembro, e de lá para cá já temos um consumo expressivo. Mas, claro, a experiência ainda é uma experiência de primeiro produto, que precisamos melhorar até o final do ano. Vamos entregar novas funcionalidades, outras formas de navegação e de interagir com esse conteúdo. Hoje, a experiência ainda é básica quando você compara com outros *players* de mercado mais sofisticados, como a própria Deezer e o Spotify. O Globoplay é um produto de vídeo. Ele tem um tempo diferente para tratar o produto de áudio, apesar de a gente já ter um time completamente dedicado para isso.

E como funciona a estratégia de portfólio dentro do Globoplay?
Por enquanto, a nossa estratégia é de ter apenas os podcasts da Globo, ter essa curadoria, até porque a gente queria testar o formato. Eu não posso prometer, mas eu acho que, à medida que a gente vê o usuário se engajando mais, esse consumo evoluindo, vamos começar a nos perguntar se vale a pena trazer outros podcasts. O desafio aqui é que podcast é um produto em que quem monetiza é o *publisher*, não a plataforma. Então temos algumas perguntas para responder, nesse caso. Isso gera valor para o Globoplay? Gera valor na assinatura, já que o usuário vê mais conteúdo? Gera valor porque o usuário passa mais tempo dentro da nossa plataforma e, inevitavelmente, vai interagir com mais conteúdo?

Quando você olha o ecossistema de podcast como um todo, quais são as principais tendências que acredita que serão colocadas em prática nos próximos meses?
Uma tendência natural é a evolução dos formatos comerciais e da educação sobre o valor do podcast no mercado. Eu acho que, hoje, o grande foco nosso é conseguir monetizar melhor, já que estamos muito distantes, ainda, do mercado americano. Mas a gente pode encurtar esse gap porque já tem inventário, as pessoas já estão ouvindo. Você pensa que não é só podcast. Tem a música, também, com muita gente consumindo de forma gratuita, tem podcast, tem as rádios lineares que vão ter entrega dinâmica. Ainda temos muita coisa para fazer. Eu não chutaria uma tendência muito diferente dessa, porque eu acho que é uma obrigação nossa resolver isso. Porque senão, daqui a pouco, o mercado volta a ser um mercado sem qualquer modelo de negócio sustentável. Precisamos resolver primeiro essa questão dos inventários vazios, e a gente tem que começar a avançar com programática e outras coisas.

Então esse é o grande desafio da vez?
De certa forma, sim. Você pensa que tem produtos de música no mercado que não estão conseguindo vender bem o inventário de áudio. Então, a gente precisa educar esse mercado e seguir nesse caminho. Tem outra coisa recente que a gente viu, e que vocês também estão acompanhando, que são esses modelos de assinatura. Modelo de assinatura não é um modelo de negócio, não é igual ao Spotify, que tem uma assinatura, o Netflix, que cobra por um bolo de conteúdo. Esse modelo de assinatura que a Apple apresentou, ou o próprio Spotify, é um modelo muito baseado no criador de conteúdo, na economia criativa. Acho que é uma decisão difícil um produtor de conteúdo, que quer falar para audiências muito

grandes, arriscar fechar um produto só para assinantes. O nosso negócio aqui, por enquanto, é um negócio de publicidade, queremos estar abertos, embora tenhamos um produto de assinatura. Poderia ter assinaturas de podcast no Globoplay, mas neste momento, queremos levar os conteúdos para o máximo de usuários possível.

O que você gostaria de dizer para finalizar essa conversa?

Queria compartilhar uma preocupação aqui. Acho que a pior coisa para o mercado é o usuário querer muito consumir um produto, mas as pessoas desistirem de produzir para esse formato porque não há um modelo sustentável. E o podcast ficou muitos anos sem nenhum modelo de negócio. Acho que todo mundo que está produzindo quer construir uma audiência e rentabilizar essa audiência. É muito importante que a gente consiga achar modelos sustentáveis para todos os participantes do ecossistema. Se conseguirmos fazer essa indústria, de maneira coletiva, ficar de pé, todo mundo ganha. As pessoas têm a memória de uma Globo muito dominante na TV. A gente não vai ser dominante em podcast como foi na TV nos últimos cinquenta anos. Por isso, a gente entende que o nosso papel é participar e construir de maneira coletiva. Isso é uma mensagem importante para conversarmos mais e pensarmos em como evoluir em questões como a educação dos anunciantes, das marcas, precificação, publicação de estudos, rankings, entre outras coisas.

Gustavo Carriconde

Resumocast

Formado em ciências aeronáuticas, Gustavo foi piloto de avião por vinte anos e trabalhou em companhias aéreas tanto do Brasil como do exterior. Antes disso, porém, chegou a ter alguns pequenos negócios, incluindo uma pizzaria. Em 2016, começou a participar ativamente da gestão de projetos de aceleração de startups patrocinados pela empresa em que trabalhava, em Dubai. É de lá que, desde então, produz e apresenta o *ResumoCast*, um podcast especializado em livros de negócios e empreendedorismo.

Qual foi o seu primeiro contato com podcasts como ouvinte?

Foi em 2007, através de um podcast americano chamado *Motivation to Move*, que falava sobre hábitos de nutrição e exercícios.

Quando e como surgiu a ideia do *ResumoCast*?

A ideia surgiu no final de 2015. Nessa época, eu estava morando em Dubai, longe e sem contato com meu povo, os brasileiros. Eu e meu amigo empreendedor João Cristofolini conversávamos muito sobre livros de negócios, trocávamos insights um com o outro constantemente. Então, perguntamos: "Por que não fazer um podcast sobre livros para empreendedores?". E começou assim. Foi uma forma que tive de transformar nossas conversas em algo mais sério, manter contato com os empreendedores brasileiros e me aventurar naquela nova tecnologia que engatinhava: o podcast.

Qual é, na sua visão, a grande sacada do *ResumoCast*?
A grande sacada é resumir as grandes obras de negócios de forma que não dê sono na hora de escutar, e que desperte nas pessoas a vontade de partir para a ação, colocando em prática o que é escutado e aprendido nos episódios. Isso é empoderar as pessoas com o conhecimento dos livros. Aliado a isso, a mídia de podcast proporciona às pessoas uma experiência otimizada de aprendizado e autodesenvolvimento.

Qual é o papel de um podcasts como o *ResumoCast* na sociedade brasileira, que ainda lê tão pouco?
Nosso papel é levar as pessoas até os livros. Milhares de brasileiros ainda não gostam ou não têm o hábito de ler, mas isso não pode afastá-los de todo o conhecimento que existe nos livros, certo? Como muitos dos nossos ouvintes têm o costume de escutar o *ResumoCast* indo ou voltando do trabalho, na academia, preparando uma refeição, entre outras ocasiões que fazem parte do nosso dia a dia, essa é uma forma produtiva de usar o tempo para aprender e ganhar mais conhecimento, mesmo sem precisar abrir um livro.

O mais legal disso é que muitos dos nossos ouvintes passaram a ler e a comprar livros depois de escutar no *ResumoCast*. Ou seja, nesse sentido, o *ResumoCast* também serve como uma espécie de curadoria dos próximos livros que as pessoas vão ler. Hoje, somos uma nação de pessoas engajadas que não apenas gostam de ler, mas também de debater sobre os grandes livros para empreendedores.

Você investe ou tem participação administrativa em diversos negócios. Qual é a importância do podcast em meio a essas atividades?

No *ResumoCast*, temos um programa totalmente voltado para startups, e eu sou muito envolvido com elas desde a época em que morava em Dubai. Então, o podcast é uma peça fundamental para a divulgação dessas startups e desses empreendedores, que ralam muito para fazer seus negócios ganharem tração em um mercado cada vez mais competitivo.

Quais foram os principais desafios e oportunidades na jornada do *ResumoCast* até aqui?

Os principais desafios foram definir o modelo de negócio do *ResumoCast*, formar uma equipe enxuta, engajada e produtiva, definir os processos e procedimentos da operação de uma maneira eficiente e tornar o *ResumoCast* autossustentável.

Em relação às oportunidades, elas sempre estão surgindo. Como conhecemos muitos autores, editoras, startups e empreendedores, sempre tem projetos novos e participações acontecendo.

Quais são os formatos de monetização hoje?

Monetizamos o *ResumoCast* por meio de anúncios de patrocinadores no programa, campanha de financiamento coletivo (Apoia.se), programa de consultoria com uma metodologia "Autoflight", que trouxemos para o Brasil, venda de cursos on-line, anúncios dinâmicos inseridos nos podcasts pelas plataformas, Adsense no YouTube e site do *ResumoCast*.

Quais são as possibilidades que o *ResumoCast* oferece para as marcas que desejam anunciar?
Ele oferece acesso a espaço publicitário de altíssima qualidade onde as marcas são recomendadas pelos apresentadores que estão intimamente conectados com suas audiências, modelo de influenciadores, além de testemunhais e programas temáticos, séries produzidas sob demanda para anunciantes, patrocínio de programas para startups, semana do autor para promoção e divulgação de livros recém-lançados e produção de trilhas e conteúdo para treinamento e desenvolvimento de competências de funcionários e público corporativo interno de empresas.

Qual é o balanço que você faz sobre o potencial do podcast no Brasil do ponto de vista comercial e editorial?
O podcast se apresenta como uma alternativa para as plataformas de venda de anúncios CPM, que, apesar de atingir um público maior, têm uma taxa menor de conversão. O ano de 2021 é o primeiro em que temos no Brasil mais de dez startups unicórnios (startups com valor de mercado de mais de um bilhão de dólares). Essas empresas são clientes ideais para podcast, pois sabem que, para se diferenciarem, precisam consolidar o seu crescimento recente com a associação da sua marca a mídias de alta percepção de valor; ou seja, para os *players* sérios que vieram para ficar, não é suficiente mais se manter reféns de Google e Facebook Ads.

Quais são as tendências que você imagina para o futuro próximo do mercado de podcasts?
A consolidação de rankings para podcasts e o surgimento de plataformas de monetização. Motores de busca e indexação

de conteúdo em áudio. Com o aquecimento da economia, vejo um aumento do poder aquisitivo e mais pessoas com smartphones e internet, justamente as características do consumidor de podcasts.

Leandro Vieira

Café com ADM

CEO e fundador do portal *Administradores* e apresentador do podcast *Café com ADM*, Leandro Oliveira é também mestre em administração pela Universidade Federal do Rio Grande do Sul, certificado em empreendedorismo pela Harvard Business School e tem MBA em marketing pelo Instituto Português de Administração e Marketing. Desde 2016, enxergou na podosfera um grande potencial para debates e insights sobre o mercado. Apenas três anos após o início dessa jornada no áudio digital, em 2019 o *Café com ADM* foi eleito o Melhor Podcast do Mundo na categoria Negócios, prêmio concedido pela plataforma especializada Podbean, que tem sede em Nova York.

Pode nos contar resumidamente a sua trajetória profissional?

Quando eu ainda era estudante universitário do curso de administração, no ano 2000, tive a ideia, durante a aula, de criar um website que servisse de ponto de encontro para empreendedores, profissionais e acadêmicos de administração. Algumas ideias exercem uma estranha atração sobre nós, passando a nortear todos os nossos passos e decisões seguintes. Essa foi uma delas. Desse dia em diante, não sosseguei enquanto não consegui torná-la realidade, e assim, um pouco mais à frente, nasceu o *Administradores*.

com, que em alguns anos viria a se tornar o maior veículo on-line do mundo na área de administração de empresas em língua portuguesa.

Qual foi o seu primeiro contato com podcasts como ouvinte?
Não cheguei a acompanhar o início desse movimento no Brasil, mas acompanhava com regularidade o podcast do americano Timothy Ferriss, autor do famoso livro *Trabalhe 4 horas por semana*. O podcast do Tim sempre foi marcado pela diversidade de temas e de convidados, e me chamava a atenção a forma como ele conseguia conversar sobre os mais variados assuntos.

Quando você passou a enxergar o podcast como uma ferramenta que poderia ser relevante dentro da sua atividade profissional?
Em 2015 ou 2016, já não lembro, fui convidado pelo Flávio Augusto para apresentar um quadro no *GV Cast*. O quadro era curtinho e se chamava "Professor Empresa". Em uns dois ou três minutos, eu apresentava o *case* de uma grande empresa e as lições que poderiam ser aplicadas em qualquer negócio. O Flávio foi um grande incentivador para que a gente criasse um podcast exclusivo do *Administradores*, mas, apesar de enxergar um grande potencial no formato, eu me sentia inseguro para assumir o papel de host. Seguindo o velho lema "se tiver medo, vai com medo mesmo", em outubro de 2016 lançamos o *Café com ADM*, que tem sido uma grande escola desde então.

Quais foram os principais desafios e oportunidades nessa jornada do *Café com ADM* até aqui?
Apresentar um podcast é também uma jornada de autodescoberta - e talvez esse seja o maior desafio. Você começa sem saber ao certo que tom usar, como se comportar, tenta

observar o desempenho de outros apresentadores, até que um dia você desencana disso tudo e começa a descobrir a própria voz, o próprio estilo, e começa realmente a curtir a jornada. O slogan do programa foi criado em um desses momentos de *flow*. Num determinado dia, comecei a apresentar o programa superempolgado e saiu naturalmente: "Fala, galera, estamos começando mais um *Café com* ADM, a sua dose de cafeína nos negócios...". Na hora, eu até parei e pensei: "Caraca! Isso aqui tem potencial", e desde então adotamos essa história de dose de cafeína nos negócios como slogan do podcast. Em termos de desenvolvimento do programa como negócio, foi realmente mais fácil, porque o podcast nasceu como um formato de conteúdo especial dentro do *Administradores*, que já era um veículo consolidado. Encaixar o podcast no plano de mídia de marcas que já estavam interessadas no portal e em nossas redes sociais foi um tiro certeiro. Até determinado momento, as marcas anunciavam no *Café com* ADM por conta do *Administradores*. Depois passamos a ter marcas anunciando no *Administradores* por conta do *Café com* ADM.

Qual é o grande mérito do *Café com ADM* no que se refere a sua capacidade de alcançar e engajar a audiência?

Eu poderia dizer que já tínhamos uma audiência bastante engajada no *Administradores* que passou a escutar o podcast naturalmente, mas a realidade é que o podcast conquistou milhares e milhares de pessoas que sequer acompanhavam o site antes. Ouvintes de podcast que nos encontraram pelas plataformas e passaram a acompanhar o nosso trabalho porque gostaram do que ouviram. Algo precede a audiência, e é aí que reside toda a riqueza do nosso trabalho: nosso time. Temos a sorte de contar com um time de elite na edição e produção do *Café com* ADM, que une aguçada sensibilidade artística e rigorosas habilidades técnicas, além de excelentes competências comerciais, que são importantes na geração de negócios para o canal.

Qual é, hoje, a importância do *Café com ADM* na totalidade dos negócios que permeiam o *Administradores*?
O *Café com ADM* é muito mais que um formato de mídia em áudio. É um canal de comunicação e aproximação com a nossa audiência. Durante cada episódio, a gente passa trinta, quarenta, cinquenta minutos - e às vezes até mais - em um diálogo não só entre host e convidado, mas também com o ouvinte. Nenhum post em rede social, nenhum artigo ou matéria no site tem esse poder, por melhor que seja. Quem escuta o *Café com ADM* e acompanha o podcast com regularidade, em algum momento passa a se sentir íntimo do programa, a se identificar com os valores e o propósito por trás de tudo, passa a confiar nas nossas marcas, e as indicar para seus amigos. Isso é muito mais valioso do que os negócios que são gerados pelo podcast.

Quais são as possibilidades que o *Café com ADM* oferece para as marcas que desejam anunciar?
O bacana de um podcast como veículo de mídia é que a imaginação é o único limite no oferecimento de formatos. Tradicionalmente, trabalhamos com testemunhais, patrocínios do programa e episódios temáticos, mas eventualmente criamos quadros ou mesmo programas especiais exclusivos para uma determinada marca.

Você pode compartilhar com a gente algum *case* de marca?
Temos vários *cases* interessantes e com resultados memoráveis para grandes marcas. Um muito bacana que fizemos

foi em parceria com a Dell, que envolveu a produção de uma série de episódios temáticos. O conteúdo gerado foi extremamente rico, interessante e relevante, sendo escutado por mais de dois milhões de pessoas no total.

Qual balanço você faz sobre o potencial do podcast no Brasil do ponto de vista comercial e editorial?

Tenho a sensação de que esse movimento está apenas começando. Se você passear pelos aplicativos de podcasts, vai ter a sensação de que não há muitos programas por ali, ou de estar vendo as mesmas capinhas de sempre. Isso torna evidente que há um espaço imenso a ser explorado por produtores de conteúdo, empresas e veículos de comunicação. Do ponto de vista comercial, os podcasts como opção de mídia serão obrigatórios na composição do mix de publicidade das marcas, assim como os anúncios em Facebook, Google e Instagram. Isso se dará por vários motivos: primeiro porque tem se tornado cada vez mais caro anunciar nas redes sociais, o que tem massacrado o retorno sobre investimento dos anunciantes. Segundo, porque diferente da frivolidade das redes sociais, a audiência de podcasts é naturalmente mais qualificada, o que facilita para os anunciantes atingirem o seu público-alvo. Terceiro, porque nada converte melhor do que uma conversa inteligente.

Ouvi dizer: o que vem por aí

Dados conectando tudo

Fiquemos de olhos, e principalmente ouvidos, bastante atentos para as próximas ondas do áudio digital em todo o mundo, incluindo os podcasts. O que podemos refletir, por ora, é que diversas tendências impulsionam o mercado internacional, e o Brasil deve seguir algumas delas. Isso inclui o aumento gradativo da audiência e a maneira como o mercado é estimulado comercialmente pelas marcas. Esse investimento crescente das empresas no formato cria um ciclo virtuoso que começa a gerar recursos crescentes para produções cada vez melhores e mais sofisticadas do ponto de vista comercial, estético, de narrativa, roteiro ou linguagem.

Se o próximo passo desse mercado está na evolução das cifras investidas nele, um acelerador desse processo mais fluido e assertivo entre marcas, produtores e a audiência, nos próximos anos, será o aumento da penetração de anúncios dinâmicos nesse mercado. Para quem não domina o termo ou não atua no segmento, esse tipo de anúncio é um spot publicitário entregue de forma inteligente e automatizada por meio de um servidor de anúncio. Com a ajuda da tecnologia, essa dinâmica permite que os comerciais sejam inseridos no conteúdo sob demanda, com opções de agendamento, segmentação por público e com relatório de entrega. Com isso, os anunciantes podem escolher a forma como querem dirigir suas mensagens com base no conteúdo de um podcast, no período do dia, na localização geográfica, entre outros critérios de definição.

A Cisneros Interactive foi pioneira ao trazer essa possibilidade para o Brasil. Antes disso, as possibilidades estavam mais restritas na inserção de anúncios pré-gravados, episódio por episódio, ou a solução mais convencional e utilizada, com os famosos testemunhais, quando os apresentadores literalmente leem textos ou narram mensagens para promover produtos e serviços. Nessa transformação, há algumas situações muito interessantes. Com os anúncios dinâmicos, por exemplo, fica mais fácil monetizar conteúdos jornalísticos, um formato limitado para testemunhais.

Diferentemente dos podcasters independentes que focam no entretenimento e misturam as sintonias entre apresentador e influenciador, o jornalista tem a questão da isenção, de não fazer propaganda, e o distanciamento necessário entre redação e departamento comercial. Tais tecnologias, então, facilitam para que as marcas anunciem nesses programas sem precisar da voz do apresentador emprestada. No Brasil, temos visto essa tendência se consolidar na programação de podcasts como os da CNN e da *Exame*, por exemplo. Muitas vezes, esses inventários não estão abertos para compra avulsa e as marcas entram como patrocinadoras do programa, com spots de abertura e de encerramento exclusivos do anunciante.

Para entender esse potencial de avanço, vamos aos números. O mais recente estudo do IAB para o segmento, que mapeou o mercado americano de podcasts em 2020, mostra que a maior parte do crescimento dos investimentos publicitários nos Estados Unidos é atribuída aos anúncios dinâmicos. De um ano para o outro, o formato aumentou de 48% para 67% a sua participação nas receitas com aportes de marcas. Tudo isso também tem relação com os benefícios para quem anuncia, como a agilidade na troca das peças criativas e a possibilidade de segmentação conforme os objetivos estratégicos. Nessa linha, outra grande vantagem é usar toda a camada de dados desse sistema para realizar a mensuração de resultados de cada campanha.

Ainda sobre medir performance, estamos começando a testar também modelos de atribuição para mapear a influência do podcast na jornada do consumidor e em seu processo de conversão. Em outras palavras, já dá para saber se as pessoas que escutaram a propaganda dentro do podcast acessaram o site da marca ou fizeram o download de um aplicativo, por exemplo, seja por meio de um anúncio dinâmico ou de um testemunhal. Isso traz mais segurança e confiabilidade para que os anunciantes possam apostar cada vez mais no segmento.

Tudo vai virar voz

Outra transformação em curso está relacionada com a profusão e a popularização dos dispositivos eletrônicos. Além dos smartphones com bons recursos e aplicativos de áudio com penetração altíssima no país, a tendência é que os brasileiros adquiram cada vez mais aparelhos complementares, como os assistentes de voz. A Alexa, da Amazon, já fala português e está disponível no mercado, assim como o Nest, do Google. E esses produtos tendem a ficar mais baratos, derrubando as barreiras de entrada. Outra tecnologia em que o áudio tem protagonismo, e que deve evoluir nos próximos tempos, é o rádio dos automóveis conectados, seja por meio do sistema Android Auto ou do Apple CarPlay. Esse é outro elemento que muda a experiência de escuta e interação dentro dos carros, um lugar muito propenso para a imersão em conteúdos diversos.

Por falar em conteúdo, também há muita água para passar embaixo da ponte dos podcasts. Estão na linha de tendências para o futuro o aprimoramento e o crescimento da linha de podcasts ficcionais. Em um primeiro estágio, começa-se a ver muitas coisas adaptadas, como fazem a Wondery ou o Spotify. Para ganhar escala, algumas produções de sucesso são traduzidas para diversas línguas e, portanto, distribuídas em outros países. *Paciente 63* é um exemplo. À medida que o mercado brasileiro, que já é profícuo na produção ficcional, evoluir, o caminho contrário também deverá acontecer, com o país exportando podcasts. É uma espécie de efeito Netflix.

Já que, por tabela, foi mencionado o streaming audiovisual, há um dado interessante sobre a penetração do áudio como um todo. O consumo de música, hoje, é tão grande quanto o de vídeo. Tem tanta gente em Spotify, Deezer e nas rádios quanto no YouTube, na Netflix ou na Amazon Prime. A diferença é que o mercado de áudio é muito mais pulverizado. São aproximadamente cinco mil rádios nacionais, sem contar as plataformas, para ilustrar esse raciocínio. Inicialmente, esse ecossistema complexo pode assustar as marcas, e por essas e outras, o podcast tem sido uma espécie de isca, trazendo as empresas para o ambiente do áudio digital e promovendo o conhecimento e o aculturamento sobre o meio. Esse movimento pode ser a válvula propulsora de um pensamento mais estratégico sobre a jornada do consumidor, cada vez mais permeada pelo som.

Os recursos também devem se potencializar ao longo do tempo. Já estão começando a surgir, nos Estados Unidos, anúncios interativos por meio dos assistentes de voz, por exemplo. É um mundo em que você interage de onde estiver, mesmo que essa interação seja uma atividade secundária no momento, e recebe conteúdo adicional, sugestões e diversas outras coisas. Imagine o universo de possibilidades nesse futuro a ser desbravado. Em 2018, por exemplo, a HBO criou uma versão em game por voz da série *Westworld*. Disponível gratuitamente para acesso pela Alexa, o jogo envolveu onze mil linhas de roteiro, mais de sessenta histórias e as vozes de trinta e seis atores.

Por essas e outras, as marcas, *players* e profissionais que se aproximam desse ecossistema precisam começar a enxergar o áudio digital de forma mais estratégica e menos pontual. São vários os pontos de contato disponíveis com grande potencial de retenção. Mas, como em toda construção de marca, seja qual for a mídia ou plataforma, essa é uma jornada que requer tempo e objetivos claros.

Conversas, desafios e oportunidades

Esqueçam, por um momento, a discussão sobre o boom ou o prazo de validade de plataformas como Clubhouse, Twitter Spaces e Spotify Greenroom. Não é a partir de uma visão centrada neles que quero aterrissar no assunto, mas com olhos no futuro, no potencial desses recursos de conversas por voz em tempo real.

Eu vejo nessa nova forma de interação e conexão entre as pessoas coisas muito interessantes. Entre elas, a experiência do agora, do ao vivo, daquele recorte temporal único, fresco e visceral. Aí, você pode me dizer: "bom, mas essa interação ao vivo o Twitter já promove em texto". Ok, mas não com o mesmo ritmo, grau de imersão, com essa pegada tão intimista da voz única de cada um, com um tempo de resposta tão rápido e semanticamente muito mais rico. Já pensou nisso? E tem a questão do timing. Um assunto no Twitter pode caminhar mais lentamente, durante um dia inteiro, caso chegue nos *trending topics*. A possibilidade de interagir em grupos de conversa por voz não tem essa elasticidade, é exclusiva para o momento e, portanto, única.

Ainda há outras questões, como a forma de desdobrar discussões sobre um evento que está acontecendo naquele instante. Por exemplo, um desfile de moda ao vivo na internet durante o qual, paralelamente, em uma dessas plataformas de voz, há uma sala com a modelo e influenciadora Camila Coelho e outras figuras comentando em tempo real. Isso pode ser muito bem explorado de diversas formas, com um interesse bastante alto da audiência.

Voltando a falar especificamente sobre podcasts, sem dúvida, um dos maiores desafios é a evolução das métricas, consolidar informações de diversas plataformas em sua integralidade de riquezas. Isso inclui, por exemplo, medir até quando o ouvinte dá o play no podcast em modo offline, para ir além das medições de download e, também durante essa navegação sem conexão, conseguir o aprofundamento de detalhes, como a retenção e outros critérios importantes de avaliação. A consolidação de todos esses dados de acesso, experiência, navegação e audiência também permitiria a criação de um ranking setorial confiável para conhecermos de fato os maiores podcasts do Brasil e do mundo entre todas as plataformas. Nesse ponto, aliás, vale deixar claro que a discussão não é regional. Esse ainda é um dilema global do segmento.

Por fim, arriscando repetir resumidamente grande parte de tudo o que foi dito nos capítulos anteriores, os desafios são proporcionais às oportunidades nesse ecossistema de podcasts, para todos os elos da cadeia. Para os podcasters, que ainda encontram um cenário sedento por programas das mais diversas segmentações e narrativas. Para os produtores, que se beneficiarão cada vez mais do processo de profissionalização e verão sua carteira de clientes ganhando escala nos próximos anos. Para as plataformas e publishers, que ganham mais uma poderosa possibilidade de produzir, distribuir e monetizar conteúdo. E, por fim, para os anunciantes, que ainda encontram um oceano azul, repleto de oportunidades para ganhar território nesse meio e aumentar a proximidade com o consumidor com toda a força e peculiaridade de um formato único, imersivo e com alto potencial de engajamento.

Já que você chegou até aqui e praticamente estamos íntimos, posso dar um papo de amigo? Pegue agora os seus fones de ouvido e escolha em qual cadeira desse maravilhoso bonde você quer se sentar. Certamente, a jornada é promissora. Vem com a gente! Um abraço.

Glossário dos podcasts

Agregadores
São plataformas capazes de concentrar e organizar um acervo de podcasts que vêm de diferentes hosts. Por meio delas, com a ajuda do RSS, as interfaces são organizadas para melhorar a experiência do consumidor. Entre as principais, estão Spotify, Deezer, Castbox, TuneIn, Google Podcasts e Apple Podcasts.

Áudio digital
Programação de áudio disponível para os consumidores em uma base de streaming entregue via internet com fio ou móvel.

Cortes
São vídeos curtos, gravados durante a transmissão de um podcast, com recortes dos momentos da conversa com maior chance de viralização. Geralmente, esse material é distribuído no YouTube para aumentar a audiência, o engajamento e a monetização dos programas.

Feed RSS
É a abreviação de Really Simple Syndication. Trata-se de um recurso de distribuição de conteúdo baseado em linguagem computacional XML, que permite que você acompanhe em tempo real as atualizações de textos, fotos, vídeos e áudios em seu canal ou plataforma predileto, incluindo os podcasts.

Impressão de áudio
Métrica que indica o número de anúncios totalmente entregues.

Métricas
São as formas de medir a performance do conteúdo ou de um anúncio inserido nele, como quantidade de cliques, nível de retenção ou

mesmo quais ações foram despertadas no ouvinte após acompanhar o episódio.

Mídia kit
É um documento organizado por empresas de conteúdo, influenciadores, podcasters ou produtores independentes de outras espécies para apresentar seus números e o potencial editorial e comercial do seu produto.

Podbook
É uma espécie de audiolivro construído com uma linguagem que se aproxima muito de uma narrativa de conversa mais comumente atrelada aos podcasts.

Podcast
É um programa de áudio digital, distribuído por arquivo RSS, que pode ser ouvido sob demanda em dispositivos móveis ou computadores de forma on-line ou offline.

Podcaster
É a figura responsável pela apresentação dos programas (também chamado de host), que, em muitas situações, acaba cuidando de todo o processo de produção, sobretudo no caso dos programas independentes e sem monetização.

Podosfera
O termo é usado para definir o conjunto de players e elementos que fazem parte da cadeia e do ecossistema de podcasts. Entre eles, podcasters, produtoras, plataformas de distribuição e hospedagem, além de redes.

Retenção
No universo dos podcasts, é uma métrica importante que representa o engajamento dos ouvintes a partir do percentual total de áudio ouvido após ter dado o play.

Show
No universo dos podcasts, o termo é utilizado como uma variação da palavra “programa”. Por exemplo: “O *Mamilos* é um show muito relevante para o cenário brasileiro”.

Smart speakers
São alto-falantes inteligentes e, ao mesmo tempo, dispositivos de assistentes por voz capazes de responder a diversas demandas do dia a

dia. Entre os mais populares, estão Alexa (Amazon), Nest (Google) e HomePod (Apple).

Spot
É uma publicidade sonora a ser inserida em programas de rádio ou podcasts, geralmente com uso de locução e outros elementos sonoros na construção da mensagem. Em outras palavras, é um comercial em formato de áudio, seja qual for a sua distribuição.

Streaming
É o nome dado à tecnologia capaz de transmitir dados através da internet sem a necessidade de baixar o conteúdo em um dispositivo.

Thumb
É a abreviação de thumbnail, a arte que destaca, de modo chamativo, frases impactantes que foram ditas pelo entrevistado durante a gravação de um podcast. Quase que invariavelmente, ela representa a porta de entrada para um vídeo de corte ou mesmo para a busca do episódio completo.

Transmídia
É a utilização estratégica de múltiplas mídias que se cruzam e se complementam, seja para melhorar a experiência de quem consome o conteúdo ou o desempenho das marcas que apontam em cada uma dessas produções.

True crime
É um formato de podcast com narrativas que destrincham e recontam histórias de crimes reais, famosos ou não. É a fórmula do americano *Serial*, um dos maiores sucessos mundiais do meio.

Referências bibliográficas

ABPOD. O podcast no Brasil. 5 abr. 2019. Disponível em: <https://abpod.org/2019/04/05/o-podcast-no-brasil/>.

ABPOD. Podpesquisa Produtor 2021/2021. Disponível em: <https://abpod.org/wp-content/uploads/2020/12/Podpesquisa-Produtor-2020-2021_Abpod-Resultados.pdf>.

ALMEIDA, Hamilton. *Padre Landell de Moura – Um herói sem glória*. Rio de Janeiro: Record, 2006.

ALVES, Soraia. Segundo o Spotify, Brasil é o segundo maior mercado de podcasts do mundo. B9. 1 nov. 2019. Disponível em: <https://www.b9.com.br/116720/segundo-spotify-brasil-e-o-segundo-maior-mercado-de-podcasts-do-mundo/>.

BARBOSA, Marialva. *História da Comunicação no Brasil*. São Paulo: Editora Vozes, 2013.

BBC NEWS. Wordsmiths Hail Podcast Success. 7 dez. 2005. Disponível em: <http://news.bbc.co.uk/2/hi/technology/4504256.stm>.

BONTEMPO, Renato. *Podcast Descomplicado: Crie podcasts impossíveis de serem ignorados*. Uberlândia: Bicho de Goiaba, 2020.

B9. Globo e B9 anunciam parceria inédita no mercado brasileiro de podcasts. 21 jan. 2021. Disponível em: <https://www.b9.com.br/137679/globo-e-b9-anunciam-parceria-inedita-no-mercado-brasileiro-de-podcasts/>.

CALABRE, Lia. *A Era do Rádio*. Rio de Janeiro: Zahar, 2002.

CARMAN, Ashley. Amazon buys Wondery, setting itself up to compete against Spotify for podcast domination. *The Verge*. 30 dez. 2020. Disponível em: <https://www.theverge.com/2020/12/30/22098312/amazon-music-wondery-acquire-buy-podcast-industry>.

CASTRO, José de Almeida. História do rádio no Brasil. *Abert.org* Disponível em: <https://www.abert.org.br/web/index.php/notmenu/item/23526-historia-do-radio-no-brasil>.

DA SILVA, Luiz Valério. *A Explosão do Podcast: Divirta-se trabalhando, ganhe dinheiro e torne-se uma autoridade em seu nicho.* [*S. l.: s. n.*] Ebook Kindle, 2021.

DEARO, Guilherme. Spotify compra exclusividade de um dos podcasts mais ouvidos do mundo. *Exame*. 20 maio 2020. Disponível em: <https://exame.com/casual/spotify-compra-exclusividade-de-um-dos-podcasts-mais-ouvidos-do-mundo/>.

DROESCH, Blake. Podcasts: a small but significant audience. *eMarketer*. 30 abr. 2019. Disponível em: <https://www.emarketer.com/content/podcasts-a-small-but-significant-audience>.

DW.COM. 1888: Hertz demonstra existência das ondas eletromagnéticas. Disponível em: <https://www.dw.com/pt-br/1888-hertz-demonstra-exist%C3%AAncia-das-ondas-eletromagn%C3%A9ticas/a-678473>.

EDISON RESEARCH. The Podcast Consumer 2009. 22 maio 2009. Disponível em: <https://www.edisonresearch.com/the_podcast_consumer_2009/>.

ENCYCLOPAEDIA BRITANNICA. Reginald Aubrey Fessenden. 19 jul. 2021. Disponível em: <https://www.britannica.com/biography/Reginald-Aubrey-Fessenden>.

FERRARETTO, Luiz Artur. *Rádio: Teoria e prática.* São Paulo: Summus Editorial, 2014.

G1. Serviço de música on-line Spotify chega ao Brasil por US$ 6 ao mês. 28 maio 2019. Disponível em: http://g1.globo.com/tecnologia/noticia/2014/05/servico-de-musica-online-spotfy-chega-ao-brasil-por-us-6-ao-mes.html.

GLOBO. Para todos os ouvidos: A força dos podcasts e o potencial de consumo no Brasil. 15 jun. 2021. Disponível em: <https://gente.globo.com/para-todos-os-ouvidos/>.

HAMMERSLEY, Ben. Audible revolution. *The Guardian*. Disponível em: <https://www.theguardian.com/media/2004/feb/12/broadcasting.digitalmedia>.

HISTORY.COM. Morse Code & the Telegraph. 6 jun. 2020. Disponível em: <https://www.history.com/topics/inventions/telegraph>.

HONORATO, Renata. Site de streaming de música Deezer chega ao Brasil. *Veja*. 16 jan. 2013. Disponível em: <https://veja.abril.com.br/tecnologia/site-de-streaming-de-musica-deezer-chega-ao-brasil/>.

HOOPER, David. *Big Podcast – Grow Your Podcast Audience, Build Listener Loyalty, and Get Everybody Talking About Your Show.* Nashville: Big Podcast, 2019.

IAB BRASIL. *Audio Advertising 2.0*. IAB Brasil; Audio.ad, 2020. Disponível em: <https://iabbrasil.com.br/e-book-audio-advertising-2-0/>.

IAB BRASIL. Estudo sobre o consumo de áudio digital 2021: Brasil. Disponível em: <https://iabbrasil.com.br/wp-content/uploads/2021/04/Pesquisa-Audio.ad-Brasil-2021_compactado.pdf>.

IAB BRASIL. Impactos da Covid-19 no investimento de mídia do Brasil. Disponível em: <https://iabbrasil.com.br/wp-content/uploads/2020/05/20200520_COVID-19_Nielsen-e-IAB.pdf>.

IAB.COM. U.S. Podcast Ad Revenues Grew 19% YoY in 2020; set to exceed $1B this year and $2B by 2023. 12 maio 2021. Disponível em: <https://www.iab.com/news/us-podcast-ad-revenues-grew-19-yoy-in-2020-set-to-exceed-1b-this-year-and-2b-by-2023/>.

INTERNATIONAL PODCAST DAY. Podcast Timeline. Disponível em: <https://internationalpodcastday.com/podcasting-history/>.

KING, Eddie. Morse code revolutionized communications 175 years ago. *Washington Post*. Washington, 2 jun. 2020. Disponível em: <https://www.washingtonpost.com/health/morse-code-revolutionized-communications-175-years-ago/2019/05/31/08f1a2c0-7cd1-11e9-8ede-f4abf521ef17_story.html>.

LAVADO, Thiago. Flow Podcast: a “conversa de bar” de Igor e Monark que conquistou o Brasil. *Exame*. 19 abr. 2021. Disponível em: <https://exame.com/tecnologia/flow-podcast-a-conversa-de-bar-de-igor-e-monark-que-conquistou-o-brasil/>.

LUIZ, Lucio (org.). *Reflexões sobre o Podcast*. Nova Iguaçu: Marsupial Editora, 2014.

MANVELL, Roger. Broadcast. *Britannica*. Disponível em: <https://www.britannica.com/technology/broadcasting#ref270980>.

MARKOFF, John. Turning the desktop PC into a talk radio medium. *New York Times*. Disponível em: <https://www.nytimes.com/1993/03/04/us/turning-the-desktop-pc-into-a-talk-radio-medium.html>.

PACETE, Luiz Gustavo. Spotify lança primeira campanha com foco em podcasts. *Meio & Mensagem*. 17 set. 2019. Disponível em: <https://www.meioemensagem.com.br/home/midia/2018/09/17/spotify-lanca-primeira-campanha-com-foco-em-podcasts.html>.

PRESS, Gil. A very short history of digitization. *Forbes*. 27 dez. 2015. Disponível em: <https://www.forbes.com/sites/gilpress/2015/12/27/a-very-short-history-of-digitization/?sh=28a6db9449ac>.

ROSARIO, Mariana. A era dos podcasts: o sucesso dos programas de áudio on-line. *Veja São Paulo*. 14 jun. 2019. Disponível em: <https://vejasp.abril.com.br/cidades/capa-podcasts-paulistanos/>.

ROUSH, Wade. Social machines: computing means connecting. *MIT Technology Review*. 1 ago. 2005. Disponível em: <https://www.technologyreview.com/2005/08/01/39676/social-machines/>.

RUSSEL, Jon. Spotify says it paid $340M to buy Gimlet and Anchor. *TechCrunch*. 15 fev. 2019. Disponível em: <https://techcrunch.com/2019/02/14/spotify-gimlet-anchor-340-million/>.

SARAF, Nandini. *Guglielmo Marconi*. Nova Déli: Prabhat Books, 2018.

SITE DE IMPRENSA. Projeto Humanos entra para o portfólio do Globoplay. 31 mar. 2021. Disponível em: <https://imprensa.globo.com/programas/globoplayinstitucional/textos/projeto-humanos-podcast-de-ivan-mizanzuk-entra-para-o-portfolio-do-globoplay/>.

VIZEU, Rodrigo. A história como ela foi. *Folha de S.Paulo*. 28 maio 2018. Disponível em: <https://ahistoriacomoelafoi.blogfolha.uol.com.br/2018/05/26/ja-ouviu-a-serie-de-podcasts-presidente-da-semana/>.

WIRED. Digital music's nasty little war. 31 out. 2000. Disponível em: <https://www.wired.com/2000/10/digital-musics-nasty-little-war/>.

Acesse o link ou o QR Code abaixo para escutar um pouco mais das histórias dos entrevistados no nosso *Podcast S/A*:

https://pod.link/podcast-sa

Este livro foi publicado em outubro de 2021 pela Editora Nacional.
Impressão e acabamento pela Gráfica Exklusiva.